坐月子调体质
越养越瘦

一本爱美产后妈妈的
体质 调 养 指 南

杨静 主编

黑 龙 江 出 版 集 团
黑龙江科学技术出版社

图书在版编目（CIP）数据

坐月子调体质，越养越瘦 / 杨静主编 . -- 哈尔滨：
黑龙江科学技术出版社，2017.6
ISBN 978-7-5388-9144-7

Ⅰ．①坐… Ⅱ．①杨… Ⅲ．①产妇－妇幼保健－食谱
Ⅳ．①TS972.164

中国版本图书馆 CIP 数据核字（2017）第 055210 号

坐月子调体质，越养越瘦

ZUO YUEZI TIAO TIZHI , YUE YANG YUE SHOU

主　编	杨　静
责任编辑	曹健滨
摄影摄像	深圳市金版文化发展股份有限公司
策划编辑	深圳市金版文化发展股份有限公司
封面设计	深圳市金版文化发展股份有限公司
出　版	黑龙江科学技术出版社
	地址：哈尔滨市南岗区建设街 41 号　邮编：150001
	电话：(0451)53642106　　传真：(0451)53642143
	网址：www.lkcbs.cn　　www.lkpub.cn
发　行	全国新华书店
印　刷	深圳雅佳图印刷有限公司
开　本	723 mm×1020 mm　1/16
印　张	12
字　数	160 千字
版　次	2017 年 6 月第 1 版
印　次	2017 年 6 月第 1 次印刷
书　号	ISBN 978-7-5388-9144-7
定　价	29.80 元

CONTENTS

Part 1

产后第 1 周代谢排毒食谱

Part 2

产后第 2 周气血调理食谱

Part

3

产后第3周滋养进补食谱

食材介绍

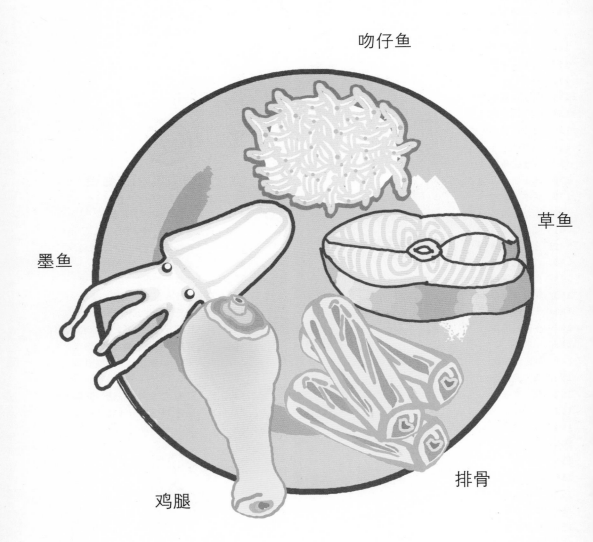

吻仔鱼

草鱼

墨鱼

鸡腿

排骨

胡萝卜

小白菜

空心菜

茄子

玉米

白米

紫米

小米

红豆

松子

板栗

Part 1

产后第 1 周
代谢排毒食谱

　　恭喜你在经历了艰难的分娩过程后，终于顺利完成了从孕妇到妈咪的转变。产后第 1 周妈咪们通常会感到脾胃虚弱，加上体力尚未恢复、胃口不佳，在餐点的准备上，应该以软嫩、易消化的食材为主，进食采取少量多餐的方式，并且避免食用刺激性食物，才不会对身体造成负担。

产后第 1 周即指妈咪们生产完后 1 至 7 天，这时候整个人正处在气血两虚以及脾胃虚弱的状态中。

自然产妈咪因为在生产时耗尽全身气力，造成身体筋疲力尽，甚至出现元气大伤的结果；剖宫产妈咪则因生产方式的不同，身上有着较大的伤口。两者同样都在分娩过程中耗损了大量汗水与血水，因此都有气血两虚的现象。

妊娠期间，由于宝宝在子宫中茁壮成长，部分内脏会因宝宝的挤压而离开原先的位置。妈咪在生产后，这些移位的内脏会逐渐回到本来的位置，在这个过程中，肠胃蠕动较平时更为缓慢，容易形成胀气，进而导致妈咪们胃口不佳。

分娩后，妈咪们仍会感到下腹部有阵发性的疼痛，此时不必过于紧张，这种疼痛称为产后痛，可以促进恶露的排出。血性恶露排出时，伴随大量血液，颜色多半呈现鲜红色，有时还会夹杂小血块，并含有少量胎膜及坏死蜕膜组织。

血性恶露持续 3 至 4 天后，子宫出血量会逐渐减少，浆液增加，转变为浆液恶露，颜色也会渐渐转为淡红色。

此时期切勿大补，人参、鹿茸等食材不宜食用。想哺乳的妈咪忌吃韭菜、麦芽等会造成退奶的食物；剖宫产妈咪则要特别注意，在此时期不要饮酒，以免伤口感染发炎。

剖宫产
注意事项

1. 伤口护理需做好

剖宫产的妈咪历经分娩后，会留下较大的伤口，产后第 1 周需格外重视伤口的护理，以免引起感染，造成身体的负担。由于要避免伤口感染的缘故，剖宫产妈咪若要洗澡，建议以擦澡为主。

2. 可适当按摩子宫

妈咪们经过辛苦的妊娠时期，由于宝宝在母体内一天天地茁壮成长，子宫也逐渐被撑大。分娩后，原先占据子宫的胎儿已产出，被宝宝撑大而变形的子宫并不会一下子恢复，需借由适当的按摩才能让子宫恢复到孕前的状态。

3. 术后应慢慢活动

由于剖宫产妈咪身上有较大的伤口，产后第 1 周，伤口尚未完全恢复，妈咪在做任何动作时，应以不影响伤口为前提，严禁剧烈运动。

4. 术后进食需节制

剖宫产妈咪因为有伤口，加上产后腹内压力突然减轻，造成腹肌松弛、肠蠕动变慢，容易产生便秘。因此剖宫产妈咪应以少量多餐为主，不可一下摄取过多，否则容易对身体造成负担。

产后初期由于妈咪们的肠胃正处在虚弱状态，加上子宫也处在恢复期，如果立刻大肆滋补，不但无法达到预期效果，还可能损伤脾胃，更可能影响子宫收缩，致使恶露无法顺利排出体外。

产后第 1 周的饮食调养重点，应在于排除恶露、促使伤口愈合及消除水肿。在这样的前提之下，妈咪们应避免摄取含咖啡因的饮料，如茶、咖啡之类，以免造成精神亢奋，进而影响休息，不利于产后恢复。

产后第 1 周，因为体力尚未完全恢复，妈咪们很容易感到胃口不佳，前几天可以选择食用清淡易消化的流质、半流质食物，避免摄取油腻及坚硬、难消化的食物。产后 3 至 5 天，则可以选择适当的食物来补充丰富蛋白质，鸡肉、鱼肉、猪瘦肉、鸡蛋、豆腐及新鲜蔬果等都是不错的选择。

这样不仅可以补充元气，更可以加快身体复原的速度，并促进乳汁的分泌。不过有个大前提仍需注意，食物形态还是应以质软易消化为主，少量多餐为辅。

在食物的选择上，应采取丰富多样的均衡饮食，恶露排净前避免用酒，以免延长恢复时间；伤口若出现红肿热痛应禁用香油，以免造成伤口久久无法愈合的情形。黏滞食物因为消化比较困难，多吃容易胀气，妈咪们应避免食用，以免损伤肠胃，造成身体负担。

自然产
注意事项

1. 避免影响子宫恢复的饮食

妈咪们产后 3 至 5 天的饮食尽可能不要掺酒，或是在料理过程中，让酒精煮至挥发。酒精对子宫收缩有抑制作用，会使产后的恶露变多，加重妈咪们贫血的状况，并延长子宫恢复期。

2. 加强肾脏排泄功能

产后妈咪们应该减去的体重中，约有 4 千克质量都是水分。因此建议产后第 1 周不可摄取过多盐分，应以适当饮食促进妈咪们排尿及发汗，让身体过多的水分可以顺利排出体外。

3. 谨慎避开退奶食物

一般来说，产后第 3 天乳汁会逐渐分泌，妈咪们都希望自己的乳腺顺畅、乳汁丰富，在哺乳道路上走得顺遂，因此在饮食上应避免食用退奶食物。

退奶食物因人而异，一般来说会随个人体质不同而有所变化，常见退奶食物有韭菜、麦芽、芹菜及人参等。建议妈咪们可以制作自己的产后饮食记录，观察奶量是否因为特定食物增减，借此可以归纳出自己的退奶食物为何。

松仁鸡肉花椰

20 MIN

干煎后的松仁香气扑鼻，搭配西蓝花与鸡肉的鲜美，令妈咪们不由得一口接着一口，吃进满满营养。

材料（2人份）

松仁 20 克　鸡肉 100 克
西蓝花 100 克　食用油 10 毫升
盐 2 克　香油 5 毫升
太白粉 10 克

1 备好材料

鸡肉洗净，切小块；西蓝花去除杂质、较老部分后，洗净、切小朵；松仁盛盘备用。

2 鸡肉抓腌

将处理好的鸡肉用盐及太白粉均匀抓腌，使鸡肉在烹煮时得到保护，不至于过老或过柴。

004

营养重点

　　鸡肉以弹性结实、光泽粉嫩、鸡软骨白净者为佳；其营养丰富，含有维生素 A 及 B 族维生素、蛋白质、糖类、钙、磷、铁、铜等营养素，很适合作为产后妈咪们摄取蛋白质的来源。

3 干煎松仁

　　取一锅加热，放入松仁干煎，煎至松仁略带焦色，香气传出，便可关火，将松仁盛盘备用。

4 炒香鸡肉

　　在锅里放入油，热锅后，加入鸡肉煎香，呈现熟色即可。

5 调味均匀

　　待鸡肉煎香，放入西蓝花后炒熟，接着放入盐及香油拌炒均匀。

6 松仁调味

　　起锅前撒上炒香的松仁增味即可。

芦笋炒鸡丝

勾了薄芡的芦笋炒鸡丝口感变得更好，
鸡肉显得更滑嫩，令人不禁吮指回味。

材料（1 人份）

芦笋 100 克　鸡肉 150 克　葱 1 根
蒜 5 克　太白粉 5 克　盐 2 克
白胡椒粉 5 克　食用油适量

1 备好材料
　芦笋洗净，切成适口长度；
鸡肉洗净后切丝；葱洗净，切段；
蒜切末；太白粉加水调和。

2 焯烫芦笋
　起水锅，放入芦笋焯烫后，
捞起、沥干。

3 炒香鸡肉
　热锅，加入油，放入鸡丝炒
熟后盛盘备用。

4 爆香葱蒜
　使用原锅，放入葱段、蒜末
爆香，再下芦笋、鸡丝、盐和白
胡椒粉拌炒均匀。

5 勾上薄芡
　最后沿锅边淋上太白粉水略
微拌炒，便可起锅食用。

山药香菇鸡

　　迎面而来的酱香味，带着鸡肉的煎香、山药及胡萝卜的清甜以及香菇的浓郁香气，让妈咪们不禁期待起午餐的菜色。

材料（1人份）

- 山药 100 克　胡萝卜 50 克
- 鸡腿 1 只　干香菇 3 朵
- 食用油 5 毫升　酱油 10 毫升

1 备好材料

　　山药洗净、去皮并切片；胡萝卜洗净，切片；香菇泡软、去蒂，切成四等份，泡香菇的水备用；鸡腿洗净后，剁成小块。

2 煎香鸡腿

　　起油锅，鸡腿块放入锅内，煎至表面金黄。

3 熬煮入味

　　放入香菇、山药、胡萝卜拌炒均匀，再加入酱油调味，并放入少许香菇水一起熬煮。

4 收汁起锅

　　继续熬煮 10 分钟，待胡萝卜、山药皆已熟透，汤汁烧干时便可出锅。

上海青炒肉末

   4 MIN

有了绞肉的润泽，上海青的涩味几乎消失了，妈咪们吃上一口微带蒜香的青菜，顿时觉得幸福不已。

材料（1 人份）

┌ 上海青 100 克　绞肉 50 克
│ 蒜 20 克　食用油 5 毫升
└ 盐 2 克

1 备好材料

　　上海青洗净，切细备用；蒜洗净、切片。

2 加入绞肉

　　起油锅，放入蒜片爆香，再下绞肉炒至颜色变白。

3 青菜增味

　　加入上海青拌炒均匀，再下盐拌炒均匀即可起锅。

洋葱青椒肉丝

 第 1 周 10 MIN

青椒肉丝是家中经常料理的一道菜，加入洋葱一起拌炒，增添了自然鲜甜味道，口感更好。

材料（1 人份）

瘦肉丝 150 克　青椒 100 克　洋葱 80 克
食用油 5 毫升　盐 2 克　太白粉 15 克
米酒 5 毫升

---

1 备好材料

青椒洗净后，去蒂头、切丝；洋葱洗净后，去皮、去蒂头，4/5 切丝，1/5 切末备用；太白粉加水调和。

2 腌渍肉丝

取小碗放入肉丝，加入米酒均匀抓腌。

3 爆香洋葱

起油锅，爆香洋葱末，再放入瘦肉丝、洋葱丝一起拌炒，待肉丝呈现熟色，加入青椒继续拌炒。

4 勾起薄芡

待青椒熟后，加入盐拌炒均匀，再沿着锅边淋上太白粉水略炒，即可起锅食用。

肉末油菜

....

姜末很适合与油菜搭配料理，以中医观点来看，油菜偏冷、姜性热，两者在此道料理中完美互补。

材料（1 人份）

- 油菜 200 克　猪绞肉 25 克
- 姜 10 克　盐 2 克
- 太白粉 5 克　食用油 5 毫升

1 备好材料

油菜洗净，切成适口长段；姜洗净，切末；太白粉加水调和。

2 爆香姜末

起油锅，加入姜末炒至香气四溢，再放入猪绞肉爆炒至熟色。

3 加入蔬菜

待猪肉呈现熟色后，放入油菜与少许水，来回翻炒至油菜熟透。

4 调料增香

待油菜梗呈现淡绿透明状，加盐炒匀，最后再沿着锅边均匀淋上太白粉水勾起一层薄芡，即可盛盘食用。

西红柿烧豆腐

西红柿烧豆腐的酸甜滋味让妈咪们忍不住大快朵颐，细细品味起美好的用餐时光。

材料（1 人份）

- 西红柿 150 克　豆腐 100 克
- 葱 15 克　食用油 5 毫升
- 酱油 15 毫升　白糖 5 克

1 备好材料

将西红柿洗净后，切成小块；豆腐切成与西红柿块一样的大小；葱洗净后切成小段。

2 炒香西红柿

起油锅，放入葱段爆香，再放入西红柿一起翻炒，至西红柿香味传出。

3 调料炒匀

在锅里放入酱油及白糖拌炒均匀。

4 熬煮入味

最后放入豆腐、少许水一起熬煮至沸腾，之后转小火，熬煮至豆腐略为酱色、入味即可。

黑胡椒豆腐煎

 第 1 周 8 MIN

豆腐经过煎炒后的豆香，加上胡萝卜的脆甜、洋菇及木耳的鲜美，让餐桌上多了一道美丽的田园风景。

扫一扫·轻松学

材料（1 人份）

- 板豆腐 1 块　木耳 30 克　胡萝卜 30 克
- 洋菇 50 克　食用油 20 毫升　酱油 10 毫升
- 黑胡椒 5 克　白糖 5 克

1 备好材料

木耳、胡萝卜及洋菇洗净后切片；豆腐洗净，切大块。

2 煎香豆腐

起油锅，放入豆腐煎至两面略微金黄，使其料理过程中不致散开便可盛盘。

3 拌炒食材

加入胡萝卜拌炒至熟透，再下木耳、洋菇一起拌炒至香味传出。

4 调味增味

放入酱油、白糖后，沿锅边轻轻地拌炒均匀，以免豆腐形状散开。

5 胡椒增香

起锅前，撒上黑胡椒增香即可盛盘。

虾皮豆腐

制作虾皮料理前，最好先将虾皮水煮15至20分钟，去除多余杂质，再沥干入菜。

材料（1 人份）

- 豆腐 100 克　虾皮 10 克
- 姜 10 克　葱花 10 克
- 食用油 5 毫升　酱油 15 毫升
- 白糖 5 毫升　太白粉 5 克

1 备好材料

姜洗净后切成末；豆腐切块备用；太白粉加水调和。

2 炒香虾皮

起油锅，放入姜末爆香，再放入虾皮炒出香味。

3 熬煮豆腐

加入酱油、白糖及少许水拌炒均匀，再放入豆腐块一起熬煮。

4 勾上薄芡

待锅里沸腾后，沿锅边均匀地淋上太白粉水，最后撒上葱花即可起锅。

虾仁芙蓉蛋

妈咪们可以选择自己喜欢的食材来替换，这样便可以让进食的满足感大大提升，使吃饭成为一件开心的事。

材料（1 人份）

- 虾仁 25 克　鸡蛋 1 个
- 葱花 5 克　盐 2 克
- 太白粉适量

1 备好材料

虾仁洗净后，放入太白粉、盐充分拌匀；鸡蛋打散。

2 放入蒸锅

取一小碗，将打好的蛋液倒入其中，再将虾仁均匀地放置在蛋液表面，最后放入蒸锅中蒸熟。

3 撒上葱花

虾仁芙蓉蛋蒸熟后，撒上葱花即可食用。

蒸鸡蛋羹

 第 1 周

 10 MIN

妈咪们切记不要使用生水来调和蛋液，
否则蒸出的蛋羹容易不平整，甚至呈现蜂窝状。

材料（1 人份）

┌ 鸡蛋 2 个　葱花 20 克
│ 盐 2 克　香油 5 毫升
└ 太白粉 10 克

1 备好材料

鸡蛋打散，加入盐搅拌均匀；太白粉加少许水调和。

2 搅拌均匀

在打好的蛋液里加入太白粉水搅拌均匀后，用滤网过滤气泡，倒入备好的小碗中，再撒上葱花。

3 放入蒸锅

将拌好的蛋液放入蒸锅中大火加热，5 至 10 分钟即可蒸熟。

4 香油增香

蒸熟后取出，均匀地淋上香油即可食用。

西红柿蒸蛋

添加了西红柿的蒸蛋，不只色泽自然而鲜艳，口感也变得更好了。

材料（1 人份）

- 西红柿 100 克　鸡蛋 1 个
- 葱花 15 克　盐 2 克
- 香油 5 毫升

1 备好材料
西红柿洗净后，切成小块；鸡蛋打散后，盛盘备用。

2 搅拌均匀
将盐放入蛋液中，与 2.5 倍蛋液量的温开水、西红柿搅拌均匀后，盛盘备用。

3 中火蒸熟
取蒸笼，放入拌好的西红柿蛋液，用中火蒸熟。

4 葱花增色
蒸蛋取出后，均匀地撒上葱花及香油即可盛盘食用。

彩椒松仁虾仁

 第1周 7 MIN

松仁经过干煎之后，香味会更好，添加在彩椒虾仁里风味更佳，很受妈咪们喜爱。

材料（1人份）

松仁 20 克　虾仁 150 克　红椒 50 克
黄椒 50 克　食用油 5 毫升　盐 2 克
胡椒 5 克

1 备好材料

虾仁洗净，去肠泥；红椒、黄椒洗净后，切成适口大小。

2 干煎松仁

取干锅，放入松仁来回翻炒至香味传出，待松仁呈现微微焦色后，便关火盛盘。

3 炒香虾仁

原锅倒入油烧热，放入红椒、黄椒来回拌炒，待两者略为熟软后，再下虾仁炒香。

4 松仁增香

虾仁炒至熟后，加入盐、胡椒一起拌炒均匀，最后放入松仁略微拌炒，即可盛盘食用。

萝卜鲜虾

料理萝卜鲜虾时，要尽量选用新鲜的虾，才能确保风味及营养。

材料（1人份）

- 白虾 140 克　胡萝卜 50 克
- 白萝卜 50 克　柴鱼片 15 克
- 盐 2 克

1 备好材料

虾洗净后，开背、去肠泥；胡萝卜、白萝卜各自洗净、去皮，并切片。

2 熬煮萝卜

起水锅，放入胡萝卜、白萝卜及柴鱼片一起熬煮，沸腾后转中火继续熬煮至萝卜熟烂。

3 放入鲜虾

待萝卜熟烂后放入虾一起熬煮，虾熟后再放入盐搅拌均匀，便可盛盘食用。

蒜香包菜

　　添加枸杞的包菜更显得美味，不只增添口感，看起来更是引人食指大动。

材料（1 人份）

包菜 150 克　枸杞 10 克
蒜末 10 克　盐 2 克

1 备好材料

　　包菜除去硬梗后洗净；枸杞洗净、泡水备用。

2 煮软包菜

　　取一锅，放入包菜及少许水，焖煮至熟软。

3 枸杞增味

　　加入蒜末、枸杞、盐来回翻炒，待枸杞出味即可关火盛盘。

清炒油菜

油菜的拌炒时间不宜过长，以免口感过老，营养素也流失了。

材料（1 人份）

- 油菜 150 克　红椒 20 克
- 黄椒 20 克　姜 5 克
- 食用油 5 毫升　盐 2 克

1 备好材料
　　将油菜洗净后切段；姜、红椒、黄椒各自洗净、切丝。

2 爆香姜丝
　　起油锅，放入姜丝爆香，再放入油菜拌炒。

3 甜椒增色
　　待油菜呈现熟色，加入红椒、黄椒一起拌炒，再下盐拌炒均匀，即可盛盘食用。

蒜蓉空心菜

第 1 周　3 MIN

　　入口第一个味道，是蒜蓉拌炒后的微微焦香味，接下来空心菜的鲜甜开始弥漫在口中，令人不禁想大快朵颐。

材料（1 人份）

空心菜 200 克　蒜 20 克
食用油 10 毫升　盐 2 克

1 备好材料
　　将空心菜挑去老叶、切去根部后洗净，切成适口长段；蒜洗净，切成蓉。

2 爆香蒜蓉
　　热锅注油烧热，放入蒜蓉爆香，待香味传出后，再下盐来回翻炒均匀即可。

3 起锅盛盘
　　待空心菜拌炒至熟，便可起锅盛盘。

木耳炒姜丝

葱丝除了可点缀整道菜，还可以增加口感及营养，让原先味道简单的炒木耳多了几分新意。

材料（1 人份）

木耳 100 克　姜 10 克　葱 1 根
蒜末 10 克　白醋 5 毫升　盐 2 克
食用油 5 毫升

1 备好材料
木耳、姜及葱洗净，切丝备用。

2 浸泡葱丝
取一小碗放入冷开水及葱丝，使其维持翠绿。

3 木耳炒香
起油锅，放入蒜末爆香，再下姜丝、木耳丝一起拌炒至八分熟。

4 调味增香
加入白醋拌炒至全部吸收，再下盐、少许水一起拌炒均匀，待木耳熟透后装碗，最后点缀上葱丝即可。

凉拌双蔬

第 1 周　20 MIN

西红柿的微酸刚好使沙拉酱的甜味变得柔和，与秋葵、竹笋一起搭配，营养又美味。

材料（1 人份）

扫一扫·轻松学

- 秋葵 100 克　　竹笋 200 克
- 西红柿 100 克　沙拉酱 50 克

1 备好材料

竹笋洗净去壳，切成大块；秋葵洗净，去蒂头；西红柿洗净、去蒂头，切成适口大小。

2 焯烫蔬菜

起水锅，放入竹笋焯烫，待竹笋煮至略微透明，再放入秋葵一起烫熟后取出沥干。

3 冰镇蔬菜

取一锅带冰的凉开水，放入焯烫好的食材冰镇。

4 蔬菜切块

取出冰镇好的竹笋与秋葵，切成适口大小，与西红柿一起在盘子上铺好。

5 沙拉酱增香

最后均匀淋上沙拉酱便可食用。

苋菜豆腐鸡蛋汤

苋菜不含草酸，所含的钙、铁进入人体后非常容易被吸收，对妈咪们来说是不错的食材。

材料（1人份）

┌ 豆腐 50 克　苋菜 100 克　鸡蛋 1 个
│ 蒜 15 克　盐 2 克
└ 香油 5 毫升　食用油适量

1 备好材料

苋菜洗净、去老叶后，切成适口长段；豆腐切块；鸡蛋取蛋液，打散；蒜切末。

2 炒香苋菜

起油锅，加入蒜末爆香，再放入苋菜一起炒熟，并添加盐及少许水熬煮。

3 添加配料

待锅里沸腾后，加入豆腐及蛋液一起焖，待鸡蛋熟后，撒上香油即可。

笋鸡汤

米酒作为提香之物，切勿多加，如此才能达到提香效果。随着高温挥发，也可避免酒精残留在汤里。

扫一扫·轻松学

材料（1 人份）

- 鸡腿 180 克　姜 20 克
- 竹笋 50 克　米酒 10 毫升
- 盐 2 克　白胡椒 5 克

1 备好材料

将鸡腿洗净后斩成适当大小，放入滚水中氽烫；姜洗净，切片；竹笋洗净，切块。

2 放入汤锅

取一个汤锅，将鸡腿块、姜片、竹笋块及少许水按顺序放入。

3 大火熬煮

放至煤气炉上用大火煮滚后，转小火熬煮 1 小时，起锅前放入盐、白胡椒，并滴入米酒提香即可起锅。

菠菜鱼片汤

第 1 周　20 MIN

菠菜中含有丰富的矿物质及膳食纤维，与鲫鱼搭配，可以为妈咪们补充丰富的营养。

材料（1 人份）

鲫鱼肉 250 克　菠菜 100 克

葱 10 克　姜 10 克

盐 2 克　米酒 5 毫升

1 备好材料

将鲫鱼肉洗净，切薄片；菠菜洗净后，去除根部、切成适口长度；葱洗净，切段；姜洗净，切片。

2 腌渍鱼肉

取大碗，加入鲫鱼肉及米酒腌渍、去腥。

3 焯烫菠菜

起水锅，加入菠菜焯烫熟后，沥干备用。

4 鱼片煎香

起油锅，爆香葱、姜，再放入鱼片煎熟，待鱼片呈现金黄色，再加水煮沸，放入烫熟的菠菜一起熬煮。

5 调味增香

待鱼片完全熟透后，加盐搅拌均匀，即可起锅食用。

低脂罗宋汤

发芽的土豆含有毒素，会使人出现呕吐、恶心、腹痛及头晕等症状，妈咪们应避免食用。

材料（1 人份）

牛腩 100 克　土豆 150 克
西芹 1 根　胡萝卜 50 克
西红柿 100 克　番茄酱 10 克　盐 2 克

1 备好材料

牛腩洗净，切丁；土豆、胡萝卜各自洗净后，去皮、切丁；西芹、西红柿洗净后切丁。

2 蒸熟易煮

将土豆、胡萝卜放入蒸锅中蒸熟。

3 汆烫牛腩

起水锅，将牛腩放入汆烫，捞出、沥干。

4 熬煮汤料

另起水锅，放入牛腩、西红柿、土豆、胡萝卜、盐和番茄酱一起熬煮 15 分钟。

5 西芹增味

最后放入西芹一起熬煮，待西芹熟后即可起锅。

小米松阪粥

第 1 周　20 MIN

小米粥经过时间与火焰的洗礼，变得非常浓稠，完全体现出了松阪猪的美味。

扫一扫·轻松学

材料（1 人份）

- 小米 100 克　松阪猪肉 80 克　枸杞 20 克
- 盐 2 克　白糖 5 克　胡椒粉少许
- 芹菜末少许

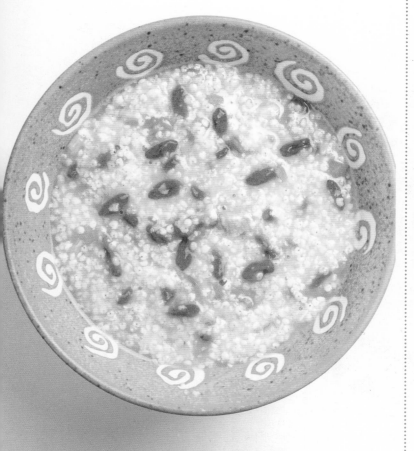

1　备好材料

小米洗净，泡水备用；枸杞洗净、加水泡软后，沥干备用；松阪猪肉洗净，切小块。

2　熬煮米粥

起一锅水，放入浸泡好的小米与其三倍的水量一起熬煮至黏稠状。

3　松阪猪肉添香

加入松阪猪肉一起熬煮，待猪肉呈现熟色后，加入盐、白糖以及胡椒粉搅拌均匀。

4　枸杞增色

最后撒上芹菜末、枸杞搅拌均匀，即可起锅。

鲜鱼粥

在选购鱼时，要以眼睛明亮、鳃呈鲜红色、鱼肉有弹性的为上选。

材料（1 人份）

- 白鱼肉 100 克　豆皮 40 克
- 葱 15 克　姜 15 克
- 盐 2 克　胡椒粉 5 克
- 香油 5 毫升
- 米饭 50 克

1 备好材料
白鱼肉洗净，切片；豆皮切段；葱洗净，切末；姜洗净，切丝。

2 鲜煮鱼片
起水锅，放入姜丝及鱼片一起熬煮，待鱼片呈现熟色，捞起备用。

3 熬煮米粥
在鱼汤里放入米饭、豆皮，熬煮至米粥呈现稠状。

4 添加鱼片
将稍早捞起的鱼片放入一起熬煮，再下盐、胡椒粉均匀搅拌，起锅前撒上葱末及香油即可食用。

核桃枸杞紫米粥

 第 1 周   45 MIN

带点凉意的冬日午后，适合来上一碗热乎乎的核桃枸杞紫米粥，妈咪们吃完后脸上不由得充满笑意。

材料（1 人份）

核桃仁 60 克　枸杞 10 克
紫米 30 克　黑糖 20 克

1 备好材料

将核桃仁、枸杞和紫米各自洗净，紫米加水浸泡 2 小时；枸杞加水泡开。

2 熬煮米粥

起水锅，将核桃仁、枸杞和紫米放入熬煮，沸腾后转小火煮至米粒熟烂。

3 黑糖增甜

待米粒熟烂后，加入黑糖一起搅拌均匀，即可起锅食用。

芥菜黄豆粥

　　芥菜含有维生素A、B族维生素、维生素C等营养成分，有抗感染、预防疾病发生等功效。黄豆富含优质蛋白质可以促进组织修复，对产妇有利。

材料（1 人份）

- 水发黄豆 100 克　芥菜 50 克　水发大米 80 克
- 盐 2 克　鸡粉、香油各少许

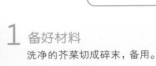

扫一扫·轻松学

1 备好材料

洗净的芥菜切成碎末，备用。

2 煮熟黄豆、大米

砂锅中注入适量清水烧开，倒入洗好的黄豆、大米，搅拌均匀，盖上盖，用小火煲煮约 40 分钟至食材熟透。

3 调味

揭盖，用勺搅匀，倒入切好的芥菜，拌煮至软，放入盐、鸡粉、香油，拌匀，煮至入味。

4 盛出

关火后盛出煮好的粥。

红薯碎米粥

红薯的蛋白质含量高，膳食纤维的含量也比较多，对食物的消化吸收非常有益。这红薯碎米粥可增强免疫力，给产妇当早餐也很养胃。

材料（1 人份）

红薯 85 克
水发大米 80 克

扫一扫·轻松学

1 备好材料

将去皮洗净的红薯切成片，再切成丝，改切成粒，然后把红薯粒装入盘中待用。

2 煮大米

锅中注入适量清水，用大火烧开，倒入水发好的大米，拌匀。

3 煮红薯

下入红薯，搅拌均匀，盖上盖，用小火煮 30 分钟至大米熟烂。

4 盛出

揭盖，再煮片刻；盛出，装入碗中即可。

胡萝卜汁米粉

6 MIN

胡萝卜除含有大量胡萝卜素外，还有丰富的氨基酸和钙、铁、磷等营养物质，产后第一周食用，既可以防治缺铁性贫血，又能增补营养。

材料（1 人份）

- 胡萝卜 135 克
- 米碎 60 克
- 盐 2 克

扫一扫·轻松学

1 切末
胡萝卜切开，再切成细条形，改切成末。

2 焯水
开水锅中倒入胡萝卜，焯约 2 分钟，熟软后捞出；沥干水分，放入盘中。

3 榨汁
取榨汁机，选择搅拌刀座组合，倒入清水；再放入焯过的胡萝卜，通电后选择"搅拌"功能；搅拌一会，制成汁水；倒出胡萝卜汁，备用。

4 煮熟
汤锅置于火上，倒入胡萝卜汁；用小火煮约 2 分钟；倒入米碎，搅拌均匀，使其浸入汁水中。

5 调味
调入盐，搅拌几下；再用小火续煮至食材呈米糊状。

6 盛出
盛出，装在碗中即成。

南瓜小米糊

南瓜含有丰富的维生素和磷等成分，具有健胃消食的功效。其所含的果胶可以保护胃肠道黏膜免受粗糙食物的刺激，比较适合肠胃不好的产妇食用。

材料（2 人份）

- 南瓜 160 克
- 小米 100 克
- 蛋黄末少许

扫一扫·轻松学

1 切片
将去皮洗净的南瓜切片，摆放在蒸盘中，待用。

2 蒸南瓜
蒸锅上火烧沸，放入蒸盘；用中火蒸约 15 分钟至南瓜变软。

3 压成泥
取出蒸好的南瓜，凉凉；把放凉的南瓜置于案板上，用刀面压扁，制成南瓜泥，待用。

4 煮小米
汤锅中注水烧开；倒入小米，轻轻搅拌几下；煮沸后用小火煮约 30 分钟至小米熟透。

5 添加辅料
取下盖子，倒入南瓜泥，搅散，拌匀，撒上备好的蛋黄末，搅拌均匀，续煮片刻至沸；关火后盛出煮好的小米糊，装在小碗中即成。

鸡蛋燕麦糊

燕麦含有维生素 B_1、叶酸、泛酸、粗纤维及镁、磷、钾、铁、锌等营养成分，产妇食用具有增强免疫力、宽肠通便等功效。

材料（1 人份）

燕麦片 80 克　鸡蛋 60 克
奶粉 35 克　白糖 10 克
水淀粉适量

扫一扫·轻松学

1 打鸡蛋

鸡蛋打开，取出蛋清，备用。

2 冲奶粉

取一个干净的碗，倒入奶粉，注入少许清水，搅拌均匀，备用。

3 煮燕麦片

砂锅中注入适量清水烧开，倒入燕麦片，搅拌均匀，盖上锅盖，烧开后用小火煮约 20 分钟至食材熟软。

4 调味

揭开锅盖，加入少许白糖，倒入调好的奶粉，搅拌均匀，将水淀粉倒入锅中，倒入蛋清，搅拌均匀，盛出，装碗即可。

鸡肉布丁饭

芹菜含有蛋白质、脂肪、膳食纤维、胡萝卜素及钙、磷、钾等成分，具有清热利湿、平肝健胃、镇静安神的作用，本品能刺激产后食欲，能开胃促消化。

材料（1 人份）

- 鸡胸肉 40 克　胡萝卜 30 克
- 鸡蛋 1 个　芹菜 20 克
- 牛奶 100 毫升　米饭 150 克

扫一扫·轻松学

1 备好材料

将鸡蛋打入碗中，打散，调匀；洗好的胡萝卜切成粒；洗净的芹菜切成粒；将洗好的鸡胸肉切片，再切条，改切成粒。

2 搅拌食材

将米饭倒入碗中，再放入牛奶，拌匀，倒入蛋液，拌匀，放入鸡肉粒、胡萝卜、芹菜，搅拌均匀；将拌好的食材装入碗中。

3 蒸米饭

将加工好的米饭放入烧开的蒸锅中；盖上盖，用中火蒸 10 分钟至熟，揭盖，把蒸好的米饭取出；待稍微冷却后即可食用。

什锦炒软饭

第 1 周 3 MIN

香菇富含多种维生素、矿物质，对促进人体新陈代谢，提高机体适应力有很大的作用。产后第一周食用本品，有助于消化和开胃，对产后恢复也有利。

材料（2 人份）

- 西红柿 60 克　鲜香菇 25 克
- 肉末 45 克　软饭 200 克
- 葱花少许　盐 2 克　食用油适量

扫一扫·轻松学

1 备好材料

将洗净的西红柿切小瓣，再切成丁；洗净的香菇切粗丝，再切成丁。

2 翻炒肉末

用油起锅，倒入备好的肉末，翻炒至转色。

3 加辅料

再放入切好的西红柿、香菇，炒匀、炒香；倒入备好的软饭，炒散、炒透。

4 调味增香

撒上葱花，炒出葱香味；再调入盐，炒匀调味；盛出炒好的食材，装在碗中即成。

菌菇稀饭

本品具有清热解毒、补钙、增进食欲等功效；在此粥中适量添加一些瘦肉末，营养更全面，口感也更好。

材料（2 人份）

- 金针菇 70 克　胡萝卜 35 克
- 香菇 15 克　绿豆芽 25 克
- 软饭 180 克　盐 2 克

扫一扫·轻松学

1 备好材料

豆芽切粒；金针菇切去根部，切成段；香菇切成丁；洗净的胡萝卜切条，改切成丁。

2 煮饭

锅中倒入适量清水，放入食材；用大火煮沸；调成小火，倒入软饭，搅散，再盖上盖，煮 20 分钟至食材软烂；揭开盖，倒入绿豆芽，搅拌片刻。

3 调味

放入少许盐；继续搅拌一会儿至入味；起锅，将做好的稀饭盛出，装入碗中即可。

时蔬肉饼

　　猪肉含有丰富的蛋白质、钙、磷、铁等成分，具有补虚强身、益气补血、养胃等功效，适合新妈妈食用。本品细软易吸收，尤其适合牙齿松动的新妈妈食用。

扫一扫·轻松学

材料（1 人份）

菠菜 50 克　西红柿 85 克
土豆 85 克　芹菜 50 克
肉末 75 克　盐 2 克

1 西红柿去皮
　　开水锅中放入西红柿，烫煮 1 分钟；取出，装入小蝶中，去皮。

2 材料处理
　　去皮的土豆切块；芹菜剁成末；菠菜切成粒；西红柿去蒂，再剁碎。

3 蒸土豆
　　将装有土豆的盘子放入烧开的蒸锅中；用中火蒸熟；把蒸熟的土豆取出。

4 做饼坯
　　把土豆倒在砧板上，剁成泥；将土豆泥装入碗中，放入肉末；拌匀后放盐；加西红柿、菠菜、芹菜拌匀，制成蔬菜肉泥；取适量蔬菜肉泥放入模具中，压实，取出制成饼坯，装入盘中备用。

5 蒸肉饼
　　饼坯放入烧开的蒸锅中；用大火蒸 5 分钟至熟，将蒸熟的肉饼取出；装入另一个盘中即可。

葱花鸡蛋饼

第 1 周

4 MIN

鸡蛋和葱花，有点不起眼的组合，然而它俩结合的味道真不是一般的香，煎成饼，是月子里的妈妈也能享用的美食。

材料（1 人份）

- 鸡蛋 2 个　葱花少许
- 盐 2 克　水淀粉 10 毫升
- 鸡粉、香油、胡椒粉、食用油各适量

扫一扫·轻松学

1 准备材料

鸡蛋打入碗中，加鸡粉、盐，再加入少许水淀粉，放入葱花，加入少许香油、胡椒粉，用筷子搅拌匀。

2 炒鸡蛋

锅中注油，烧热，倒入 1/3 的蛋液，炒片刻至七成熟，把炒好的鸡蛋盛出，放入剩余的蛋液中，用筷子拌匀。

3 煎饼

锅中再倒入适量食用油，倒入混合好的蛋液，用小火煎制，中途晃动炒锅，以免煎煳，煎约 2 分钟至有焦香味时翻面，继续煎 1 分钟至金黄色。

4 盛出

盛出装盘即可。

肉末碎面条

青椒肉丝是家中经常料理的一道菜，加入洋葱一起拌炒，增添了自然鲜甜味道，口感更好。

材料（2人份）

肉末 50 克　上海青、胡萝卜各适量
水发面条 120 克　葱花少许
盐 2 克　食用油适量

扫一扫·轻松学

1 准备材料

胡萝卜切粒；上海青切粒；面条切成小段；把切好的食材分别装在盘中，待用。

2 炒菜

用油起锅，倒入备好的肉末，翻炒几下，至其松散、变色，再下入胡萝卜粒，放入上海青，翻炒几下；注入适量清水，翻动食材，使其均匀地散开。

3 调味

再加入盐，拌匀调味，用大火煮片刻。

4 下面条

待汤汁沸腾后下入切好的面条；转中火煮至食材熟透；盛出，装在碗中，撒上葱花即成。

鸡蓉玉米面

第 1 周　6 MIN

　　玉米含有蛋白质、糖类、钙、磷、铁、胡萝卜素、维生素 E 等，有
开胃益智、宁心活血、调理中气等功效，特别适合产后第一周食用。

材料（1 人份）

- 水发玉米粒 40 克
- 鸡胸肉 20 克
- 面条 30 克　盐 2 克

扫一扫·轻松学

1 材料准备

　　玉米粒切细，剁碎；将面条切
成段；洗净的鸡胸肉切成小块；再
将鸡胸肉剁成肉末。

2 炒菜

　　用油起锅，放入肉末，搅松散，
炒至转色；倒入适量清水；放入玉
米蓉，拌匀搅散。

3 调味

　　加入适量盐，拌匀调味；盖上
锅盖，用大火煮至沸腾。

4 煮面条

　　揭盖，放入面条，拌匀；盖上
盖，用中火煮 4 分钟至食材熟透；
揭盖，盛出，装碗即成。

Part 2

产后第2周
气血调理食谱

　　产后第2周恶露已经排净，在这个阶段，妈咪们应该着重子宫的收缩，饮食要以促进新陈代谢为目标，才能使体力早日恢复。尽快恢复到孕前的身体状况。此时，应增加一些补养气血、滋阴、补阳气的温和食物来调理身体，以促进乳汁分泌、强健筋骨、润肠通便、收缩子宫。此外，由于这个时期妈咪们的身体尚未完全恢复，因此应避免进食太过冰冷或燥热的食物。

产后第 2 周，虽然血性恶露已经排净，产后身体处于多瘀的情况已获改善，但是大部分的妈咪们气血仍未恢复，体质上仍是偏虚的状态。

至于肠胃的部分，虽然已逐渐在恢复，但还是无法和孕前的状态相比，妈咪们需要有足够的调养与休息时间，才能复原到平日的状态。

在这个阶段，原先被胎宝宝撑大的子宫会逐渐变小，并且降到骨盆腔里，重量为400 ~ 600 克。妈咪们可以借由重复而规律的子宫按摩，让子宫收缩及恢复更加顺利。通常这个阶段在下腹会有一颗棒球大小的硬块，妈咪们可以在这个部位顺时针方式来做按摩。

另一方面，产后第 2 周是乳腺炎的易发时期，显著的症状常有高烧、寒战，以及乳房红、热、肿、痛及充血等，并多半只有单侧乳房受感染。

妈咪们应该使用正确的方式挤奶，并用热敷保持乳腺畅通，防止乳腺管堵塞，演变为乳腺炎。部分妈咪若奶水分泌过少，没有达到预期理想状态，可以借由饮食辅助来帮忙催乳。青木瓜、猪蹄及猪腰等食物都是很好的催乳食材。催奶应避免食用人参、韭菜及麦芽糖等退奶食物，以免造成乳汁减少或抑制乳汁分泌。

产后第 2 周，妈咪们的情绪及身体都有明显好转，也逐渐适应产后的生活规律，整个情况都在好转中。

常见
催乳食物

1. 黑芝麻

黑芝麻含有丰富营养如钙、铁、铜、磷、镁等，其矿物质更是多过米、麦、黄豆及其他干果类种子。其中，又以钙质含量最多，不适合喝牛奶的人可用黑芝麻补充钙质。

2. 花生

花生含有人体必需的八种氨基酸，比例也与人体所需的十分适宜。另外，还含有脂肪、卵磷脂、维生素 A、维生素 B_2 以及钙、磷、铁等丰富营养素，营养成分十分全面。

3. 丝瓜

丝瓜在夏季食用可帮助清热消暑、降火气，所含营养素十分丰富，有 B 族维生素、维生素 C、膳食纤维、钾、钙及铁等，其中维生素 C 具有去斑、美白的功效，常被视为天然美容圣品。

4. 青木瓜

青木瓜含有丰富的木瓜酶、木瓜蛋白酶、凝乳蛋白酶、柠檬酶、B 族维生素、维生素 C、胡萝卜素、蛋白质、钙、磷、矿物质等营养素，更富含十几种氨基酸，具有催乳效果。

产后
第 **2** 周 | 饮食调理重点

产后第 2 周，饮食重点在于恢复体力、温补气血、促进新陈代谢。饮食可适量补充高蛋白食物及新鲜蔬果，以加速身体复原及促进乳汁分泌，若伤口已复原，便能开始食用香油及加酒烹调。

在伤口复原方面，自然产妈咪因为会阴部伤口、剖宫产妈咪因为腹部伤口的疼痛，运动量常常不足，容易造成肠胃蠕动变慢，甚至演变为便秘。

蔬菜和水果富含维生素、矿物质和膳食纤维，可促进肠胃道功能的恢复，特别是可以预防便秘，所以此周妈咪们可以逐渐地增加蔬菜及水果的份量。

另外，剖宫产妈咪在产后第 2 周，除了与自然产妈咪一样，注重收缩子宫、腰骨复原、骨盆腔复旧，促进新陈代谢。预防腰酸背痛，还须注意伤口的愈合与调养，才能顺利恢复到生产前的苗条身材。

产后第 2 周，妈咪们的身体仍然有些虚弱，应掌握几个饮食重点：不吃毒性食物、不吃高盐、不吃过量人工添加物食品、不吃太过冰冷或燥热的食物。

这个阶段妈咪们的身体还在恢复期，若是食用太多的含人工添加物食物，不仅会使恢复迟缓，还可能对身体造成负担。过于冰冷或燥热的食物则可能影响子宫的收缩，造成子宫恢复的延迟，这些都是在产后第 2 周饮食中应该避免的部分。

常见退乳食物

1. 韭菜

韭菜含有蛋白质、B 族维生素、维生素 C、钙和磷等营养素，更富含仅次于胡萝卜的胡萝卜素。中医师认为春天吃韭菜，其温热属性能促进血液循环，祛阴散寒，还能养肝。部分妈咪食用后，会有退乳效果。

2. 人参

人参虽常用在补足元气、治愈食欲不振、哮喘等病症，但部分妈咪食用后，会造成退乳效果。人参含有丰富的营养素，包含氨基酸、维生素、有机酸、糖类及微量元素等。

3. 生麦芽

生麦芽含有丰富营养，包含催化酶、过氧化异构酶、蛋白质、维生素 D 及维生素 E 等，虽常用于治疗气虚倦怠、虚寒腹痛、肺虚、久咳久喘等症状，但属于常见的退乳食物之一。

4. 麦茶

麦茶清香甘美，具有清热解毒的效用，且不含茶碱、咖啡因、单宁等，因此不会刺激到神经，也不会影响睡眠，口感有点苦涩，但深受许多人喜欢。部分妈咪喝麦茶会有退奶效果。

胡萝卜烧肉

胡萝卜与五花肉搭配起来十分合拍，只要简单调味，就令人觉得很美味了。

材料（1 人份）

- 五花肉 200 克
- 胡萝卜 150 克
- 葱 20 克　酱油 10 毫升
- 食用油 10 毫升　白糖 10 克
- 米酒 10 毫升

1 备好材料

五花肉洗净，切大块；葱洗净，切段；胡萝卜洗净后，去皮、切块。

2 煎香五花肉

将五花肉氽烫后，沥干；起油锅，将五花肉煎至两面微焦。

营养重点

胡萝卜拥有丰富的营养素，其中 β–胡萝卜素为脂溶性维生素。为有效吸收维生素 A，建议使用油脂炒食胡萝卜，不仅健康，同时更具美味。

3 炒香胡萝卜

放入胡萝卜一起拌炒至熟，在锅中一角落将白糖炒至焦糖色，使五花肉及胡萝卜均匀沾附糖酱。

4 熬煮入味

加入米酒、酱油拌炒均匀，再加适量水一起熬煮，沸腾后，转小火慢炖至收汁。

5 葱段增香

起锅前加入葱段一起拌炒即可。

奶汁海带

第 2 周　25 MIN

水发海带首选整齐干净、无杂质和异味的，若是颜色太过鲜艳、质地脆硬，通常都是用化学品加工过的，尽量避免食用。

材料（1 人份）

水发海带 100 克　蜂蜜 50 克
牛奶 150 毫升　奶油 10 克
白葡萄酒 25 克　柠檬 2 片

1 备好材料

水发海带洗净后，切成菱形片，入锅煮软，再捞出、沥干。

2 熬煮奶浆

将奶油在砂锅中融化，再放入牛奶、蜂蜜、海带、白葡萄酒一起熬煮，沸腾后转小火继续熬煮，待海带片裹上奶浆即关火、盛盘，再放上柠檬片装饰即可。

姜汁肉片

妈咪们可以事先备好姜汁，就是用果汁机搅打姜片，再将榨好的姜汁与米酒混合即完成。

材料（1 人份）

- 猪肉片 150 克　酱油 5 毫升
- 白糖 5 克　食用油 5 毫升　姜泥 20 克　姜汁 30 毫升
- 辣椒丝 40 克　太白粉 5 克

1 备好材料

猪肉片用姜泥均匀抓腌，并浸泡在姜泥中 10 分钟；太白粉加水调和。

2 姜汁增味

热油锅，将猪肉片、酱油、白糖拌炒均匀，再加入姜汁一起熬煮。

3 辣椒丝增色

熬煮入味后，沿锅边均匀淋上太白粉水，最后撒上辣椒丝增色即可起锅。

049

松仁香菇

第 2 周　6 MIN

开封后的松仁应放入冷藏室保存，存放时间过久则不宜再食用。

材料（1 人份）

- 松仁 20 克　泡水香菇 100 克
- 葱 10 克　姜片 10 克　食用油 5 毫升
- 盐 5 克　白糖 5 克　太白粉水 5 毫升　鸡汤 300 毫升

1 备好材料
香菇洗净，切丁；葱洗净，切末。

2 炒松仁
取一锅，放入松仁仁煎出香味，待表面略微焦色，盛盘备用。

3 香菇炒香
在原锅中加入油，爆香姜片、葱末，再放入香菇炒香。

4 熬煮入味
在锅里加入鸡汤、白糖、盐一起拌炒均匀，待沸腾后，沿锅边淋上太白粉水勾芡，起锅前放入松仁即可。

红椒蒸丝瓜

第 2 周   15 MIN

丝瓜水分丰富，宜现切现做，以免营养成分流失。

材料（1 人份）

丝瓜 200 克　红椒 20 克
蒜泥 30 克　鸡高汤 350 毫升
香油 5 毫升

1 备好材料

丝瓜洗净后，去皮、切片；红椒洗净后，去籽与蒂头，再切粗丝。

2 放入蒸锅

取盘子，铺好丝瓜片，再撒上红椒丝、倒入鸡高汤，最后放上蒜泥便可放进蒸锅蒸制。

3 香油增香

将蒸好的食材从蒸锅中取出，均匀地淋上香油即可食用。

三杯鲍鱼菇

 第 2 周   10 MIN

利用砂锅来烹调食物，可以锁住食材的水分及营养，让妈咪们吃进完整美味。

材料（1 人份）

鲍鱼菇 200 克　姜 40 克　辣椒 15 克
罗勒适量　酱油 5 毫升　食用油 5 毫升
香油 5 毫升　冰糖 5 克

扫一扫·轻松学

---

1 备好材料

鲍鱼菇切斜片；姜切片；罗勒去梗；辣椒切片。

2 拌炒食材

锅烧热后加入油，爆香姜片，再加入鲍鱼菇、辣椒一起拌炒。

3 冰糖炒融

在锅里空出一角，将冰糖炒熔化后，再下酱油跟少许水拌匀。

4 香油增香

预热砂锅，加入香油及罗勒，接着倒入所有的炒料，再淋上香油即可。

照烧花椰杏鲍菇

菇类料理可以做照烧口味，不仅美味，而且做法简单、不易出错。

材料（1人份）

- 杏鲍菇100克　西蓝花100克
- 姜5克　葱30克　蒜10克　食用油5毫升　酱油10毫升
- 白糖5克　香油少许

1 备好材料

杏鲍菇切块；葱切段；姜、蒜头切片；西蓝花洗净、取小朵，并焯烫备用。

2 爆香杏鲍菇

起油锅，加入杏鲍菇先爆香，再放入葱段一起拌炒。

3 翻炒入味

加入焯烫后的西蓝花与姜片、蒜片，用中火翻炒，再加入所有调味料一起翻炒入味。

香油红凤菜

红凤菜拥有很高的营养价值，与香油搭配口感更佳。

材料（1 人份）

红凤菜 100 克　姜 20 克
盐 5 克　香油 20 毫升

1 **备好材料**
红凤菜洗净后，去老叶、切段；姜洗净，切丝。

2 **爆香姜丝**
锅中加 10 毫升香油，爆香姜丝。

3 **拌炒红凤菜**
加入红凤菜及剩余香油一起拌炒，起锅前加盐拌炒均匀即可食用。

香油姜煸猪肝

第 2 周　15 MIN

用姜片煸过的香油猪肝，带有微微的姜香味以及香油香气，令人食欲大开。

材料（1 人份）

猪肝 150 克　姜 30 克
米酒 10 毫升　盐 5 克
香油 10 毫升

---

1 备好材料

猪肝洗净，切片；姜洗净，切片。

2 腌渍猪肝

取大碗，将猪肝、米酒放入一起抓腌。

3 爆香香油

取一锅，用香油爆香姜片，待香味传出后，再下猪肝。

4 猪肝煎香

猪肝煎至熟透，加盐拌炒均匀，即可起锅食用。

红烧豆腐

豆腐营养丰富，素有"植物肉"的美称，是很好的食材。

材料（1人份）

板豆腐 110 克　食用油 5 毫升
酱油 5 毫升　白糖 5 克
葱 15 克

1 备好材料

板豆腐洗净，切大块；葱洗净，切长段。

2 爆香葱段

起油锅，将葱段放入爆香。

3 熬煮入味

将少许水、板豆腐、酱油及白糖放入一起熬煮，沸腾后转小火煮至入味，待豆腐入味后即可起锅。

三鲜烩豆腐

第2周　20 MIN

鸡蛋应避免生吃，打蛋时也应提防沾染蛋壳上的细菌。

材料（1人份）

- 猪里脊 150 克　胡萝卜 50 克　嫩豆腐 100 克　鸡蛋 1 个　木耳 50 克
- 香菜 10 克　姜末 10 克　葱末 10 克　盐 5 克　胡椒粉 5 克
- 香油 5 毫升　白糖 5 克　太白粉水 10 毫升

1 备好材料

豆腐切丁，放入加盐的水中煮沸，捞出、沥干；猪里脊、胡萝卜、木耳洗净切丁；鸡蛋打散备用。

2 食材炒香

起油锅，爆香葱、姜，放入猪里脊、胡萝卜、木耳一起翻炒，再下豆腐、适量水一起熬煮。

3 熬煮入味

锅里沸腾后，转小火慢炖 10 至 15 分钟后，加入盐、胡椒粉、白糖调味，再用太白粉水勾芡。

4 鸡蛋增香

加入打好的蛋液，最后滴上香油、撒上香菜即可起锅。

西红柿鸡片

第2周　25 MIN

西红柿鸡片富含维生素 C、膳食纤维、钙、铁、磷等营养素，对健胃消食很有帮助。

材料（1人份）

- 鸡肉 220 克　马蹄 25 克
- 西红柿 100 克　太白粉 5 克
- 盐 5 克　白糖 5 克　葱花少许

1 腌渍鸡肉

鸡肉洗净、切片后放大碗中，再放入盐与太白粉拌匀腌渍。

2 备好材料

马蹄洗净，切片；西红柿洗净，切丁。

3 煨煮入味

取一锅，干煎鸡肉片，再加入马蹄片、西红柿丁、盐、白糖和少许水一起煨煮，待汤汁呈现浓稠状起锅，撒上葱花即可。

板栗烧鸡

第 2 周　25 MIN

板栗不仅美味，也很适合腰腿酸软、筋骨疼痛的妈咪食用。

材料（1 人份）

- 板栗 50 克　去骨鸡肉 300 克　食用油 5 毫升
- 绍兴酒 10 毫升　酱油 10 毫升　葱段 10 克　姜片 10 克
- 盐 5 克　香油 5 毫升　太白粉 5 克

1 备好材料

鸡肉洗净、切块，加盐、部分太白粉腌渍 5 分钟；胡萝卜洗净，切滚刀块；板栗洗净，蒸熟后去壳备用；将剩下太白粉加水调成太白粉水。

2 煎香鸡肉

起油锅，爆香姜片、葱段，放入鸡肉块煎香。

3 熬煮入味

鸡肉煎至表皮微焦，再加入板栗、酱油及少许水一起熬煮，沸腾后下绍兴酒，并盖上锅盖焖煮 10 分钟。

4 勾层薄芡

沿锅边均匀淋上太白粉水及香油即可起锅。

百合甜椒鸡丁

第2周　12 MIN

甜椒的口感很好，与鸡肉形成完美搭配，还没入口，浓郁香气就
扑鼻而来。

材料（1人份）

鸡腿肉 150 克　甜椒 40 克
百合 20 克　姜末 10 克　蒜末 10 克
盐 5 克　食用油 5 毫升

1 备好材料

鸡腿洗净后，去骨、切块；甜
椒洗净后，去除蒂头与籽，并切块；
百合剥成小片，洗净备用。

2 煎香鸡肉

起油锅，将鸡肉煎至微微焦
色，再放入姜末、蒜末爆香。

3 炒香食材

放入甜椒、百合和盐拌炒均
匀，待鸡肉炒熟即可起锅。

红烧草鱼

草鱼肉质鲜美，深受许多妈咪们喜爱，其中，红烧手法烹饪的鱼让其欲罢不能。

扫一扫·轻松学

材料（1 人份）

- 草鱼 200 克　葱段少许　姜片少许
- 食用油 5 毫升　米酒 5 毫升
- 酱油 10 毫升　白糖 5 毫升

1 备好材料
草鱼洗净，切块。

2 草鱼煎香
热油锅，放入草鱼，两面煎至微微焦色，爆香姜片、葱白。

3 焖煮入味
加入米酒去腥，倒入酱油，加入少许水，倒入白糖，煮约 8 分钟翻面，继续煮 3 分钟，放入葱段，继续焖 10 分钟即可。

糖醋黄鱼

第2周　25 MIN

黄鱼富含蛋白质、微量元素和维生素，对人体有补益作用，尤其可以提高乳汁中的不饱和脂肪酸含量，促进宝宝的脑部发育。

材料（1人份）

黄鱼1条　胡萝卜50克　鲜笋50克　豌豆50克
葱花10克　盐5克　食用油5毫升　白糖5克
白醋5毫升　米酒5毫升　太白粉5克　番茄酱5克　香油5毫升

1 备好材料
　　将黄鱼除去内脏后洗净，在鱼身抹上太白粉；胡萝卜、笋洗净后切片，与豌豆一起焯烫、捞出、沥干。

2 煎香黄鱼
　　起油锅，放入黄鱼，煎至两面金黄，沥干油后，盛盘备用。

3 炒香酱料
　　用原锅爆香葱花，放入笋、胡萝卜及豌豆，再倒入番茄酱、白糖、白醋和米酒、盐，加少许水熬煮。

4 香油增香
　　锅里煮至沸腾，均匀淋上香油后，起锅淋在煎好的黄鱼上即可食用。

蜜烧秋刀鱼

蜜烧秋刀鱼是日本常见的家常料理，风味很好，极受人们喜欢。

材料（1 人份）

- 秋刀鱼 2 尾　白芝麻 5 克　姜泥 10 克
- 米酒 10 毫升　盐 5 克
- 酱油 10 毫升　味淋 5 毫升

1 备好材料

秋刀鱼洗净后，用剪刀剪开肚子，去除内脏。

2 煎香鸡腿

将盐、米酒和姜泥均匀地抹在鱼身上，并腌渍 10 分钟。

3 熬煮入味

将腌好的秋刀鱼加入酱油、味淋一起熬煮至入味，最后撒上白芝麻即可起锅。

腰果虾仁

虾仁腌渍过后，再裹上太白粉，风味较佳。

材料（1 人份）

虾仁 60 克　腰果 30 克　葱花 10 克　盐 5 克
米酒 5 毫升　太白粉 5 克　蛋白 1 个
姜末 5 克　食用油 10 毫升

1 腌渍虾仁

虾仁用盐、米酒及蛋白腌渍后，裹上太白粉，过油备用。

2 煎酥腰果

利用做法 1 中的油，把腰果放入煎酥，再捞出备用。

3 拌炒食材

利用余油爆香姜末、葱花，加入虾仁、腰果一起拌炒，再下盐、米酒调味均匀，即可起锅食用。

滑蛋虾仁

　　虾仁的营养很丰富，与鸡蛋搭配可以创造出很多可能性，增添腰果碎后更是可口。

材料（1 人份）

- 虾仁 100 克　腰果 25 克　葱花 10 克　蒜片 10 克
- 姜末 10 克　鸡蛋 2 个　米酒 25 克　盐 5 克
- 太白粉 5 克　香油 5 毫升　食用油 10 毫升

1 备好材料

　　将虾仁洗净，氽烫、捞出，放入碗中，加入盐、米酒、蛋白及太白粉拌匀后，腌渍片刻。

2 蛋液入味

　　蛋黄打散，加入盐、太白粉水和葱花拌匀，再放入腌渍好的虾仁拌匀，静置一会儿。

3 腰果捣碎

　　取研钵，将腰果捣碎。

4 食材煎香

　　起油锅，爆香蒜片与姜末，再倒入拌好的蛋液，轻推锅铲至蛋液凝固、煮熟，起锅前均匀淋上香油，并撒上腰果即可。

鸡蓉玉米羹

玉米熟吃更佳，尽管因为烹调损失了部分维生素 C，却可获得更有营养价值的抗氧化剂活性。

材料（1 人份）

- 鸡肉 100 克　鲜玉米粒 50 克
- 豌豆 30 克　鸡蛋 1 个
- 盐 5 克

1 备好材料

鸡肉洗净后，切成与玉米粒相同大小的丁状；鸡蛋打成蛋液。

2 熬煮食材

起水锅，加入玉米粒、豌豆及鸡肉一起熬煮，待沸腾后，去除锅内浮沫。

3 蛋液增香

将蛋液沿着锅边倒入，一边倒一边搅动，待鸡蛋煮熟后，下盐后拌匀即可起锅。

桂圆羹

熬煮时，桂圆干不停散发浓郁香气，让人在料理过程中，心情也飞扬了起来。

材料（1 人份）

桂圆干 50 克　鸡蛋 1 个
白果 10 克　红枣 6 颗

1 **备好材料**
白果、红枣洗净备用。

2 **熬煮桂圆干**
起水锅，加入红枣、桂圆干及白果一起熬煮，沸腾后转小火继续熬煮半小时。

3 **鸡蛋增香**
待食材入味后打入鸡蛋，继续熬煮至鸡蛋熟透，即可起锅食用。

藕香肉饼

加入莲藕的肉饼风味极佳，令人不由得一吃再吃、吮指回味。

材料（1 人份）

- 藕 1 小节　猪绞肉 150 克
- 红薯粉 40 克　鸡蛋 1 个　葱 20 克　姜 20 克
- 盐 2 克　香油 10 毫升
- 食用油 5 毫升

扫一扫·轻松学

1 **备好材料**
　　分别将藕、肉、葱、姜洗净剁碎。

2 **拌匀食材**
　　将剁好的所有材料放在碗里，加盐、红薯粉、鸡蛋、香油抓匀。

3 **煎香肉饼**
　　起油锅，将调好的馅捏成型后入锅煎。

4 **沥干残油**
　　煎熟后将油沥干，装盘即可。

莲子炖猪肚

莲子炖猪肚是道健脾益胃的料理，很适合产后的妈咪们食用。

材料（1 人份）

猪肚 80 克　去芯莲子 15 克
山药 10 克　姜片 10 克
盐 5 克

1 备好材料

　　莲子加水泡发后备用；猪肚洗净，放入沸水中煮至软烂，再捞出冲洗、切块。

2 熬煮入味

　　起水锅，加入猪肚、姜片、山药及莲子一起熬煮，待沸腾后转小火继续炖煮 40 分钟。

3 调味增香

　　最后加入盐，拌匀即可起锅食用。

珍珠三鲜汤

西红柿天然的酸甜滋味紧紧包附着鸡肉丸子，一口咬下十分美味。

材料（1人份）

鸡肉 100 克　胡萝卜 50 克　豌豆 50 克
西红柿 100 克　蛋白半个　盐 5 克
太白粉 5 克　香油 5 毫升

1 备好材料

豌豆洗净；胡萝卜、西红柿各自洗净、切丁；鸡肉洗净后，剁成肉泥。

2 捏成丸子

把蛋白、鸡肉泥与太白粉放在一起，搅拌均匀，再捏成丸子状。

3 熬煮入味

将豌豆、胡萝卜及西红柿放入锅中，加水煮沸，再下盐搅拌均匀，最后放入丸子一起熬煮，待入味后，撒上香油增香即可起锅。

萝卜丝炖鲫鱼

　　奶白色的鲫鱼汤里配上爽脆的萝卜丝，汤味浓郁鲜美，味道相当不错哦，而且制作也很简单，一学就会。

扫一扫·轻松学

材料（1 人份）

鲫鱼 250 克　去皮白萝卜 200 克　金华火腿 20 克
枸杞 15 克　姜片、香菜各少许　盐 6 克
鸡粉、白胡椒粉各 3 克　料酒 10 毫升　食用油适量

1 准备材料

　　白萝卜切成薄片，改切成丝；备好的火腿切成薄片，改切成丝。

2 腌渍

　　洗净的鲫鱼两面打上若干一字花刀，往鲫鱼两面抹上适量盐，淋上料酒，腌渍 10 分钟。

3 煮鱼汤

　　热锅注油烧热，倒入鲫鱼，放入姜片，爆香，注入 500 毫升的清水，倒入火腿丝、白萝卜丝，拌匀，炖 8 分钟。

4 调味

　　加入盐、鸡粉、白胡椒粉，充分拌匀入味。

5 盛出

　　关火后捞出煮好的鲫鱼，淋上汤汁，点缀上枸杞、香菜即可。

黑豆核桃乌鸡汤

 第2周 182 MIN

这时来一碗热乎乎的乌鸡汤吧，鲜香浓郁的乌鸡汤一股脑的冒出来，别提多香了。

材料（3人份）

- 乌鸡块 350 克　水发黑豆 80 克
- 水发莲子 30 克　核桃仁 30 克
- 红枣 25 克　桂圆肉 20 克　盐 2 克

扫一扫·轻松学

1 汆乌鸡

锅中注入适量清水烧开，倒入乌鸡块，汆煮片刻，关火，捞出汆煮好的乌鸡块，沥干水分，装盘待用。

2 煮汤

砂锅中注入适量清水，倒入乌鸡块、黑豆、莲子、核桃仁、红枣、桂圆肉，拌匀，加盖，大火煮开转小火煮 3 小时至食材熟软。

3 调味

揭盖，加入盐，搅拌片刻至入味。

4 盛出

关火，盛出煮好的汤，装入碗中即可。

双菇蛤蜊汤

4 MIN

蛤蜊富含不饱和脂肪酸，能促进新妈妈的乳汁分泌，间接为婴儿提供丰富的营养。香菇含有较多的抗氧化物质，对提高新妈妈的免疫力以及补养气血都有利。

材料（2人份）

- 蛤蜊 150 克 白玉菇段、香菇块各 100 克
- 姜片、葱花各少许
- 鸡粉、盐、胡椒粉各 2 克

扫一扫·轻松学

1 煮双菇

锅中注入适量清水烧开，倒入洗净切好的白玉菇、香菇。

2 加入蛤蜊

倒入备好的蛤蜊、姜片，搅拌均匀，盖上盖，煮约 2 分钟。

3 调味

揭开盖，放入鸡粉、盐、胡椒粉，拌匀调味。

4 盛出

盛出煮好的汤料，装入碗中，撒上葱花即可。

菠菜猪肝汤

补血的菠菜，加上补血的猪肝，是产后女性朋友的福音，多吃这道菜吧。

材料（1人份）

菠菜100克 猪肝70克 姜丝、胡萝卜片各少许
高汤、盐、鸡粉、白糖、料酒、葱油、味精、水淀粉、胡椒粉各适量

扫一扫·轻松学

1 准备材料
　　猪肝洗净切片；菠菜洗净，对半切开。

2 腌渍猪肝
　　猪肝片加少许料酒、盐、味精、水淀粉拌匀腌渍片刻。

3 煮汤
　　锅中倒入高汤，放入姜丝，加入适量盐，再放入鸡粉、白糖、料酒烧开，倒入猪肝拌匀煮沸，放入菠菜、胡萝卜片拌匀。

4 调味
　　煮1分钟至熟透，淋入少许葱油，撒入胡椒粉拌匀。

5 盛出
　　将做好的菠菜猪肝汤盛出即可。

清炖猪腰汤

　　猪腰含有蛋白质、铁、维生素、钙等营养成分，既能补血养颜，还能消积滞、止消渴，特别适合产后第二周食用。此外，红枣也是养血佳品。

材料（2 人份）

猪腰 130 克　红枣 8 克
枸杞、姜片各少许
盐、鸡粉各少许　料酒 4 毫升

扫一扫·轻松学

1 处理猪腰

　　将清洗干净的猪腰切上刀花，再切薄片。

2 焯水

　　锅中注水烧热，放入猪腰片，淋入料酒，搅匀；大火煮至猪腰变色，捞出，沥干。

3 炖煮

　　放入炖盅中，倒入红枣、枸杞和姜片，注入适量开水，淋入料酒，静置片刻，待用。

4 调味

　　蒸锅上火烧开，放入备好的炖盅，用小火炖约 1 小时；将炖盅的盖子取下，加盐、鸡粉，搅拌至食材入味。

牛肉南瓜汤

 第 2 周 13 MIN

此汤滋润可口、营养丰富，牛肉含量高，具有较好的补血效果。胡萝卜和南瓜都含有较高的胡萝卜素，能保护视力，促进新妈妈视力恢复到产前水平。

材料（2 人份）

- 牛肉 120 克　南瓜 95 克　胡萝卜 70 克
- 洋葱 50 克　牛奶 100 毫升
- 高汤 800 毫升　黄油少许

扫一扫·轻松学

1 备好材料

洋葱、胡萝卜切粒状，南瓜切小丁块；牛肉去除肉筋，切粒。

2 炒菜

煎锅置于火上，倒入黄油，拌匀，至其溶化，倒入牛肉，炒至变色，放入备好的洋葱、南瓜、胡萝卜，炒至变软，加入牛奶。

3 煮菜肴

倒入高汤，搅匀，用中火煮约10 分钟至食材入味。

4 盛出

盛出煮好的南瓜汤即可。

红枣乳鸽粥

第 2 周　38 MIN

乳鸽含有蛋白质、B 族维生素、维生素 E、钙、铁等营养成分，具有益气补血、增强皮肤弹性、改善血液循环等功效，本品对预防产后出血乏力、头晕等有利。

材料（2 人份）

乳鸽块 270 克　水发大米 120 克　红枣 25 克
姜片、葱段各少许　盐 1 克
料酒 4 毫升　老抽、蚝油、食用油各适量

扫一扫·轻松学

1 备好材料
　红枣切开，去核，把果肉切成小块。

2 腌渍乳鸽
　将乳鸽块装入碗中，加盐、料酒，放入蚝油，撒上姜片、葱段，拌匀，腌渍入味。

3 炒乳鸽
　油起锅，倒入乳鸽肉，炒匀；加料酒、老抽，炒匀；盛出，放入盘中，拣去姜片、葱段。

4 煮粥
　砂锅注水烧开，倒入洗好的大米、红枣，拌匀；煮开后用小火煮10 分钟，倒入炒好的乳鸽，拌匀，用中小火续煮 20 分钟至熟。

5 盛出
　搅拌均匀，盛出煮好的粥即可。

菠菜芹菜粥

第 2 周

菠菜含有粗纤维、胡萝卜素、核黄素、尼克酸、抗坏血酸以及钙、磷、铁等营养成分，搭配芹菜熬粥，对新妈妈有补血止血、通肠胃、活血脉等作用。

材料（2人份）

- 水发大米 130 克
- 菠菜 60 克
- 芹菜 35 克

扫一扫·轻松学

1 备好材料

将洗净的菠菜切小段；洗好的芹菜切丁。

2 煮粥

砂锅中注水烧开，放入大米，搅匀，使其散开，烧开后用小火煮约35分钟，至米粒变软。

3 加菜

倒入切好的菠菜，拌匀，再放入芹菜丁，拌匀，煮至断生。

4 盛出

关火后盛出煮好的芹菜粥，装在碗中即成。

红豆南瓜粥

南瓜含有蛋白质、胡萝卜素、B 族维生素、维生素 C、钙、磷等营养成分，能促进胆汁分泌和肠胃蠕动，帮助食物消化。

材料（3 人份）

- 水发红豆 85 克
- 水发大米 100 克
- 南瓜 120 克

扫一扫·轻松学

1 准备材料
去皮的南瓜切丁。

2 煮烂食材
砂锅中注水烧开，倒入洗净的大米，搅匀，加入洗好的红豆，搅拌匀，盖上盖，用小火煮 30 分钟，至食材软烂。

3 加入南瓜
揭开盖，倒入南瓜丁，搅拌匀，再盖上盖，用小火续煮 5 分钟，至全部食材熟透。

4 盛出
揭开盖，搅拌一会儿，将煮好的红豆南瓜粥盛出，装入汤碗中即可。

花生牛肉粥

 33 MIN

牛肉属红肉，含有血红素铁，能促进红细胞的生成，预防产后出血缺铁性贫血；花生含有蛋白质、维生素 D、铁等营养成分，具有健脾和胃的功效。

材料（2 人份）

水发大米 120 克　牛肉 50 克
花生米 40 克　姜片、葱花各少许
盐 2 克　鸡粉 2 克

扫一扫·轻松学

1 牛肉切丁

牛肉切丁，用刀剁几下。

2 牛肉焯水

把牛肉放入开水锅中，淋入料酒，搅匀，去血水，捞出，沥干。

3 煮粥

砂锅中注水烧开，倒入牛肉，放入姜片、花生米，倒入大米，搅匀；烧开后用小火煮约 30 分钟至食材熟软。

4 调味

加盐、鸡粉，搅匀调味，撒上备好的葱花，搅匀，盛出装碗。

薏米红薯糯米粥

第 2 周　61 MIN

这款粥香糯可口，是产后体虚的妈妈不可缺少的营养好粥，滋养新妈妈的肠胃。

材料（2 人份）

薏米 30 克　红薯 300 克
糯米 100 克
蜂蜜 15 克

扫一扫 · 轻松学

1 煮粥

砂锅中注入适量清水烧开，加入已浸泡好的薏米、糯米，搅拌均匀，盖上盖，烧开之后转小火煮约 40 分钟，至米粒变软。

2 加红薯块

揭盖，加入备好的红薯块，搅拌一下，盖上盖，续煮约 20 分钟，至食材煮熟。

3 调味

关火，晾凉后加入蜂蜜，拌匀。

4 盛出

盛出煮好的粥，装在碗中即可。

鸡肝面条

第2周　7 MIN

鸡肝含有蛋白质、维生素 A、B 族维生素及钙、磷、铁、锌等成分，产妇适量进食鸡肝可以增强免疫力，有益于身体恢复。

材料（1人份）

鸡肝 50 克　面条 60 克
小白菜 50 克　蛋液少许
盐 2 克　鸡粉 2 克　食用油适量

扫一扫·轻松学

1 准备材料
　小白菜切碎，面条折段。

2 鸡肝焯水
　开水锅中，焯煮鸡肝，凉凉后剁碎。

3 煮面
　开水锅中，放入少许食用油，加盐、鸡粉，倒入面条，搅匀，盖上盖，用小火煮 5 分钟至面条熟软。

4 加入辅料
　揭盖，放入小白菜，再下入鸡肝，搅拌匀，煮至沸腾；倒入蛋液，搅匀，煮沸；盛入碗中即可。

虾仁葱油鸡汤面

 第 2 周 35 MIN

自己动手炼葱油，不仅吃得美味，也吃得安心。

材料（1 人份）

┌ 面条 100 克　虾仁 80 克　香菇 50 克
├ 胡萝卜 50 克　葱 2 支　食用油 5 毫升
└ 盐 5 克

扫一扫·轻松学

1 备好材料

　　将香菇蒂头切除后，与胡萝卜切成适口大小；将葱切少许葱末备用，其余切大段。

2 炼制葱油

　　锅中注油烧热，爆香葱段，炼制成葱油。

3 汆烫面条

　　另煮一锅水，将面条煮熟、捞出。

4 熬煮汤面

　　锅中加水煮沸，放入虾仁、香菇、胡萝卜煮熟后，加入煮熟的面条，再加入盐、葱油调味，最后撒上葱末即完成。

青椒镶饭

甜椒含有类胡萝卜素，搭配油脂炒食，可以提高人体对类胡萝卜素的吸收率。

材料（1 人份）

- 洋葱 50 克　红椒 1 个　青椒 1 个
- 香菇 20 克　火腿 1 片　白米饭 150 克
- 食用油 5 毫升　咖喱粉 10 克　盐 5 克

1 备好材料

香菇泡软、洗净，切细丁；洋葱、火腿分别洗净，切细丁；青椒、红椒洗净后，去蒂、去籽，再对半切开，一半切细丁。

2 炒香饭料

起油锅，放入洋葱、香菇、火腿爆香，再加入米饭、盐、咖喱粉翻炒片刻，最后放入红椒丁、青椒丁炒熟。

3 放入烤箱

将炒好的饭料填置在另一半的青椒、红椒内，放入烤箱，用 150℃的温度烤 8 分钟即可食用。

Part 3

产后第3周
滋养进补食谱

　　进入第3周，产妇的生活已经规律很多，身体变化也较前两周少，大多伤口趋于愈合。这个阶段，妈咪们的身体已逐渐恢复，肠胃的功能也恢复到生产前的状态了，营养可以被顺利吸收，所以此周是真正的滋养进补周。妈咪们的调养菜单中，可适时添加猪蹄、猪肝等高营养价值的食材，但须谨慎控制热量，避免过度食用高糖分、高油脂的食物，以免造成产后肥胖。

产后第3周，妈咪们经过产后第1周、第2周的精心照护与饮食调养，到了这一周，身体应该已经从虚弱状态逐渐恢复了，不止恶露已停止，肠胃功能也几乎恢复到从前。

产后的妈咪们，常因照顾宝宝导致休息不足或是手臂酸痛、腰部酸疼，这时候除了适度休养外，还需补充足够的营养。

历经了怀孕、产后阶段，妈咪们的器官功能、精神状态等，会和孕期、产前有所不同。因此坐月子时，应根据妈咪们的各种症状，包含恶露质量、乳房状况、乳汁有无、身体水肿程度、伤口愈合、大小便情况、有无口干舌燥、是否腰酸等现象作为调养重点的依据。

另一方面，若是孕前曾出现手脚冰冷、头痛的情况，视情况予以调理，根据妈咪们的体质状况作调整，有时甚至可恢复到比孕前更好的状态。

在心理方面，由于产后妈咪们的身心状态都与以往不同，加上新生命带来的许多崭新体验，掺杂着迎接新生命的喜悦及面对母亲身份的焦虑，以及面临宝宝照护上的大小问题，部分妈咪心情无法调适，可能会罹患上产后抑郁症。

这时候，丈夫及周围亲朋好友应给予足够的支持与关爱，并且观察妈咪们真正需要的帮助是什么，才能在正确时间给予对的帮助，达到"对症下药"的目的。

产后抑郁症征兆

1. 食欲不振

产后几周为黄金恢复期，照理说，身体刚经历完重大的改变，正需要补充营养及热量来填补分娩耗费的气力，妈咪每餐应该积极进食，若是反而觉得食欲不振，对用餐时间丝毫不期待，可能是产后抑郁症的征兆之一。

2. 失眠

产后第三周，妈咪已与宝宝达成哺乳的节奏，照理说，新妈妈已经习惯了因为哺乳而打断睡眠的连贯性，可以快速入睡，不会出现失眠问题。但如果在身体极度疲累的状态下，仍无法入眠，这也许是身体发出的警告。

3. 无止尽的疲劳感

若是妈咪经过充足的休息、规律的饮食后，却仍是感到巨大的疲惫感，此时，很可能是产后抑郁症的征兆之一。

4. 情绪起伏大

妈咪若是情绪起伏过大，前一秒心情开朗，后一秒忽然为家人的一句话勃然大怒，或是对照顾宝宝无来由地感到愤怒及不耐烦，这些起伏不定的情绪都有可能是产后抑郁症的征兆。

饮食调理重点

到了产后第3周，妈咪们基本上已经排净恶露，此时应停止继续饮用生化汤或红糖水，以免恶露淋漓不止。

若是此阶段的妈咪们想要滋补药膳，可选择十全大补汤来搭配饮用。十全大补汤含有四物、四君子、黄芪及桂枝等滋补药材，能够滋养气血，改善产后妈咪的虚弱及元气耗损，是此阶段药膳的好选择之一。

产后第三周，母乳质量已趋近稳定，宝宝的体重、身长也有明显的增长，这个阶段妈咪们把精神全部投注在宝宝身上，因此，促进乳汁的分泌便成了首要课题。

妈咪们可以选择蛋白质含量较高的食材作为滋补重点，包含猪蹄、鸡肉及鲜鱼等，这些食材都可以调养妈咪们在生产过程中耗损的精气。

为了宝宝能够健康成长，妈咪们在饮食的选择上应以不挑食为主，均匀地摄取各类营养素，才能在每日饮食中把宝宝所需营养摄取充足，通过哺乳的方式，让宝宝吸收到充足养分。

另外，妈咪们需切记一点，决不可仗持产后调养，饮食便毫无节制，食用大量高热量、高糖分的食品，这样反而会造成身体的负担。食补应该依照产妇体质，在菜单上予以调整，才能达到最大的功效，例如燥热体质的妈咪们，就必须舍去一些比较热补性的食材，例如羊肉、桂圆、香油等。

产后
第三周
适合食材

1. 猪蹄

猪蹄富含胶原蛋白，可使肌肤滑嫩，同时也可增进乳汁质量。另外，还含有钙质与铁质，有助于生长发育及减缓骨质疏松，适合产后缺乳、腰脚酸疼的妈咪们食用。

2. 乌骨鸡

乌骨鸡的营养价值高，主要营养成分有维生素A、维生素E、蛋白质、铁、钾、磷、钠及锌等。其口感细致，含有完整蛋白质，钙含量也高，尤其铁质更是相较一般鸡肉丰富，可改善缺铁性贫血，常用来补充营养，或是提高生理机能。

3. 鲈鱼

鲈鱼含有大量营养素，包含维生素A、维生素D、蛋白质等，还能促进产妇的乳汁分泌，对手术后的伤口愈合极有帮助。

4. 鸡肉

鸡肉含优质蛋白质、脂肪含量少，还具备糖类、维生素A、B族维生素、钙、磷、铁、铜等营养素。选购时，应以肉质结实弹性、粉嫩光泽、鸡冠淡红色、鸡软骨白净者为；烹饪时，应煮至全熟再食用较好。

田园烧排骨

田园烧排骨不仅有着肉类的厚实及蔬菜的清甜，还呈现了鲜艳诱人的食物原色，令人惊艳！

材料（1人份）

排骨 200 克　玉米 100 克　胡萝卜 50 克
豇豆 80 克　姜片 10 克　葱段 10 克
食用油 5 毫升　白糖 5 克　酱油 10 毫升

1 **备好材料**
　　玉米洗净，切段；胡萝卜洗净、去皮，再切滚刀块；排骨洗净，汆烫。

2 **炒香食材**
　　起油锅，爆香姜片和葱段，先放入胡萝卜、白糖及酱油熬煮几分钟，再加入排骨、玉米拌炒。

3 **熬煮入味**
　　加水烫过食材，煮滚后用小火续煮 15 分钟，汤汁收到一半时再放入豇豆。

4 **焖煮熟透**
　　最后焖煮 5 分钟，即可起锅食用。

无锡烧排骨

排骨煎香后，完整封住了肉汁，就算长时间熬煮依然软嫩美味。

扫一扫·轻松学

材料（1人份）

猪排骨 200 克　蒜头 20 克　葱段 20 克
姜片 20 克　洋葱 50 克　五香粉少许
食用油 5 毫升

材料 A

蚝油 15 克
番茄酱 15 克　冰糖 5 克
太白粉适量

1 备好材料

将排骨洗净，剁大块；洋葱切大块。

2 煎香排骨

起油锅，将排骨表面煎至上色以封住肉汁。

3 炒香洋葱

洋葱与整颗蒜头、葱段一起入油锅炒出香味后捞起。

4 熬煮熟软

在锅中放入排骨及步骤 3 的材料，加入姜片、材料 A 和五香粉，再倒水淹过材料，煮滚后转小火焖煮至熟软。

5 盛盘食用

将煮好的排骨盛盘，将锅内剩余的汤汁淋在上面即可。

红椒玉米炒肉末

玉米含有丰富的营养素，口感也十分美味，很适合产后妈咪食用。

材料（1人份）

猪绞肉 100 克　熟玉米粒 80 克　胡萝卜 40 克
红椒 40 克　葱 30 克　盐 5 克
米酒 5 毫升

1 备好材料
葱洗净，切末；红椒洗净后，去蒂、去籽、切小丁；胡萝卜洗净，切丁备用。

2 爆香葱末
起油锅，加入猪绞肉炒出油脂，再放入葱末爆香。

3 炒香食材
在锅里放入红椒、胡萝卜来回翻炒，再放入熟玉米粒炒香。

4 调味增香
起锅前，加入盐、米酒拌炒均匀即可盛盘。

烤鸡翅

鸡翅上戳洞是为了加速入味及熟成，有了这个动作，料理变得更容易。

材料（1 人份）

二节翅 4 支　葱 15 克
姜 15 克　蒜 15 克

材料 A

酱油 5 毫升　白糖 5 克
胡椒 5 克

1 备好材料

洗净鸡翅后，用刀叉戳洞；葱洗净，切段；姜洗净，切丝；蒜洗净，切片。

2 腌渍入味

取大碗，放入鸡翅、葱、姜、蒜和材料 A 腌渍 30 分钟。

3 烤熟鸡翅

烤箱用 200℃ 的温度预热 10 分钟，放入腌好的鸡翅烤 8 分钟，待鸡肉熟透即可盛盘食用。

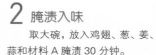

罗勒炒蛋

第3周　2 MIN

罗勒常用于增香，但很多妈咪们不知道它拥有丰富的营养，如蛋白质、脂肪、糖类、维生素A、维生素C、磷、铁等，是极佳的食材。

材料（1人份）

罗勒30克　鸡蛋1个
食用油5毫升　盐5克

1 备好材料

罗勒洗净、沥干后切末；取大碗，将鸡蛋打散备用。

2 蛋液增味

在蛋液中加入盐与罗勒末，一起搅拌均匀。

3 煎香鸡蛋

起油锅，倒入调好味的蛋液煎香，待鸡蛋熟透后即可起锅食用。

胡萝卜洋葱炒蛋

鸡蛋营养丰富，而且容易取得，很适合作为产后的烹饪食材。

材料（1人份）

胡萝卜60克　洋葱20克
鸡蛋2个　盐5克
食用油10毫升

1 备好材料

胡萝卜及洋葱洗净，切丝；鸡蛋打在碗里备用。

2 蛋液加盐

在鸡蛋中放入盐搅拌均匀。

3 爆香洋葱

起油锅，加入洋葱丝爆香，再放入胡萝卜丝炒软。

4 淋上蛋液

最后淋上拌好的蛋液，待鸡蛋煎熟后即可起锅食用。

彩椒鸡丁

甜椒不仅能增色，而且营养价值丰富，水分也很充沛，对妈咪们来说是很好的食材。

材料（1人份）

红椒 50 克　黄椒 50 克
鸡胸肉 100 克　盐 5 克
食用油 5 毫升　太白粉 5 克

1 备好材料
红椒、黄椒洗净后切块。

2 腌渍鸡肉
鸡胸肉洗净、切丁，加入太白粉腌渍数分钟。

3 炒香食材
起油锅，先将鸡肉炒至半熟，再放入红椒、黄椒炒熟，最后加盐调味即可。

金针木耳烧鸡

   20 MIN

鸡肉熬煮后的酱香，金针菇及木耳释放出来的清甜，融合成吸引人的美味。

扫一扫·轻松学

材料（1 人份）

金针菇 60 克　木耳 60 克　鸡腿 150 克
蒜 20 克　食用油 10 毫升　酱油 10 毫升
白糖 5 克　盐 5 克

1 备好材料

木耳去蒂，切小块；蒜头洗净，切片；鸡腿洗净，切小块。

2 熬煮上色

起油锅，先下蒜片炒香，续下鸡肉炒至金黄色（约七分熟）时，再加酱油、白糖、盐及适量水熬煮上色。

3 小火入味

大火煮至沸腾后转小火，再下金针菇及木耳，继续熬煮 5 分钟，入味后即可起锅。

核桃仁拌西芹

核桃仁吃起来虽然带点苦涩，却含有多酚类及黄酮类，营养价值较高。

材料（1人份）

西芹180克 核桃仁30克
盐5克 香油5毫升

1 处理西芹

西芹洗净、切斜刀后，焯烫、捞出，放入冷开水稍作浸泡，取出、沥干。

2 加盐调味

取大碗，将沥干的西芹与盐一起搅拌均匀。

3 核桃增香

另起一锅水，放入核桃仁焯烫后捞出、沥干，置放在已调味的西芹上，最后淋上几滴香油即可。

鲜虾西芹

西芹富含蛋白质、糖类、矿物质及多种维生素，是不错的食材。

材料（1 人份）

草虾 140 克　西芹 50 克　红辣椒 40 克　姜末 10 克
食用油 20 毫升　胡椒粉 5 克　盐 5 克　砂糖 5 克
淡色酱油 10 毫升　柠檬汁 10 毫升　太白粉 5 克

1 备好材料
西芹洗净，切斜刀块；红辣椒洗净，切片；将部分太白粉加水调和。

2 腌渍草虾
将虾开背后洗净、沥干水分，再放入碗中，加入盐、胡椒粉、太白粉抓匀。

3 调制酱汁
取小碗，加入柠檬汁、砂糖、淡色酱油及少许水，调成酱汁备用。

4 炸香鲜虾
起油锅，放入虾炸至红色，再捞出、沥油，并盛盘备用。

5 炒香食材
锅内留底油，放入姜末、红辣椒片、西芹炒香，再加入调好的酱汁及炸香的虾翻炒几下，用太白粉水勾芡后即可起锅盛盘。

芦笋虾仁烩土豆

虾仁的鲜美、芦笋的脆甜以及土豆的绵密，在妈咪们口中堆叠出丰富的层次感。

材料（1 人份）

芦笋 80 克　虾仁 80 克
土豆 80 克　蒜头 20 克
盐 5 克　食用油 5 毫升

1 处理虾仁

虾仁洗净后，开背、去肠泥。

2 焯烫蔬菜

土豆与芦笋分别洗净、切小丁，焯烫熟透后捞起备用。

3 蒜头增香

起油锅，放入虾仁煎香，再放入蒜头炒香，待虾仁熟透后放入盐、焯烫好的芦笋丁与土豆丁，拌炒均匀即可起锅食用。

鲑鱼鲜蔬沙拉

　　鲑鱼是营养价值极高的鱼类，含有 Ω–3 脂肪酸、钙、铁、B 族维生素、维生素 D 和维生素 E 等丰富营养素。

材料（1 人份）

鲑鱼 150 克　小黄瓜 50 克　苹果 100 克
生菜 50 克　红椒 40 克　葱 10 克
橄榄油 5 毫升　黑胡椒粒 5 克　盐 5 克　沙拉酱 20 克

1 备好材料

　　小黄瓜、红椒各自洗净，切块；生菜洗净，撕小片；苹果洗净、去皮，切小块；葱洗净，切段。

2 鲑鱼煎香

　　取大碗，放入鲑鱼，撒上黑胡椒粒、橄榄油、盐、葱段，腌渍 10 分钟，再放入蒸锅中蒸熟，取出放凉后，去皮、切碎。

3 沙拉酱增香

　　取大盘，整齐铺上小黄瓜、红椒、生菜、苹果及鲑鱼，再淋上沙拉酱即可食用。

酱炒豆包杏鲍菇

豆包经过煎香后，风味更好，口感也更佳，与杏鲍菇十分搭配。

材料（1人份）

杏鲍菇 120 克　豆包 60 克
葱 20 克　食用油 5 毫升
酱油膏 10 克

1 备好材料

杏鲍菇洗净，切片；葱洗净，切段。

2 煎香豆包

起油锅，放入豆包煎香，待两面呈现焦色，起锅并切成四等分。

3 炒香食材

利用锅里余油，放入杏鲍菇、豆包炒出香味。

4 葱段增香

加入葱段一起炒香，再下酱油膏及少许水，焖煮熟透即可起锅食用。

金沙豆腐

金沙豆腐利用咸蛋黄本身的咸味来调味，无须另外添加盐便非常美味了。

材料（1人份）

鸡蛋豆腐 100 克　咸蛋黄 1 个
葱 15 克　食用油 5 毫升

1 **备好材料**

鸡蛋豆腐切丁状；葱洗净，切末。

2 **压碎咸蛋黄**

用刀将咸蛋黄压碎，盛入盘中，备用。

3 **煎香豆腐**

热油锅，将鸡蛋豆腐放入平底锅煎至金黄色，盛起备用。

4 **炒香咸蛋黄**

在原锅中放入压碎的咸蛋黄炒至起泡，再放入煎至金黄色的鸡蛋豆腐、葱末一起翻炒即可起锅。

玉米笋炒墨鱼

妈咪们的产后饮食应避免吃下生食，墨鱼须炒至全熟，才能兼顾美味与健康。

扫一扫·轻松学

材料（1 人份）

玉米笋 40 克　墨鱼肉 200 克
胡萝卜 50 克　小黄瓜 50 克
蒜 20 克　盐 5 克　食用油 5 毫升

1 备好材料

玉米笋、胡萝卜、小黄瓜及墨鱼肉分别洗净、切片；将玉米笋及胡萝卜焯烫熟透。

2 拌炒食材

起油锅，放入蒜爆香，加入墨鱼肉拌炒至呈现熟色，再放入玉米笋、胡萝卜一起拌炒。

3 调味增香

最后放入盐及小黄瓜，拌炒均匀即可起锅食用。

干贝香菇鸡汤

浸泡干贝的米酒有着特殊香气，加入汤料中一起熬煮，味道更美味。

材料（1 人份）

- 鸡腿块 150 克　干贝 20 克
- 香菇 30 克　姜片 10 克
- 盐 2 克　米酒适量

扫一扫·轻松学

1 备好材料

鸡腿块氽烫去血水；香菇泡水；干贝泡米酒。

2 熬煮汤料

起一锅水，加入干贝及浸泡的米酒、姜片、香菇、鸡腿块煮至沸腾，再转小火熬煮 20 分钟，最后放入盐搅拌均匀即可。

103

蛤蜊豆腐火腿汤

处理蛤蜊时，在水中添加少许盐，能够促使蛤蜊尽快吐沙。

材料（1 人份）

- 蛤蜊 150 克　豆腐 100 克　培根 25 克
- 葱段 10 克　姜片 10 克
- 食用油 5 毫升　盐 5 克　白胡椒 5 克

材料 A

盐 5 克

1 备好材料

豆腐洗净，切小块；培根切小块；蛤蜊用清水掏洗几次，与材料 A 放入清水静置 2 小时，吐沙备用。

2 煸香培根

起油锅，放入培根煸香，再下葱段、姜片爆香。

3 熬煮汤料

放入豆腐、蛤蜊、盐、白胡椒及 350 毫升热开水一起熬煮，待蛤蜊煮熟后即可起锅食用。

培根奶油蘑菇汤

偶尔为妈咪们准备一道特别的汤品，增加餐桌上的期待感及新鲜度。

材料（1 人份）

蘑菇 70 克　培根 25 克　紫菜 10 克
柴鱼片 10 克　奶油 5 克　白芝麻 10 克
牛奶 500 毫升　面粉 15 克　盐 5 克

1 备好材料

蘑菇洗净，切片；培根切丁；紫菜切小丁。

2 搅打汤底

将蘑菇、牛奶及 250 毫升水放入果汁机中搅打成汁。

3 煎香培根

锅中加入奶油融化，煎香培根，再加入面粉炒香，放入步骤 2 的汤汁一起熬煮至沸腾。

4 紫菜增香

待沸腾后加入盐，搅拌均匀便可起锅，食用前撒上紫菜、柴鱼片、白芝麻即可。

海带炖鸡

购买海带时，应挑选叶片较大、叶柄厚实、干燥且无杂质的较佳。

材料（1 人份）

鸡肉 150 克　泡发海带 70 克　姜 20 克
花椒 10 克　食用油 5 毫升　米酒 5 毫升
盐 5 克　胡椒粉 5 克

1 备好材料

鸡肉洗净，切块；海带洗净，切小片；姜洗净，切片。

2 爆香花椒

取砂锅，放入油，爆香花椒，再放入姜片炒香。

3 熬煮入味

锅内再放入鸡肉、米酒、海带及适量水一起熬煮，待沸腾后，盖上锅盖继续炖煮 40 分钟。

4 调味增香

熬煮至鸡肉熟烂，加入盐、胡椒粉，拌匀即可盛盘食用。

红枣花生煲鸡爪

红枣含有多种维生素、氨基酸以及钙、铁等微量元素；是滋补身体的好食材。

材料（1人份）

- 鸡爪 3 只　花生 20 克
- 红枣 5 颗　姜 10 克
- 米酒 5 毫升　盐 5 克

1 备好材料
鸡爪剪去爪尖后洗净；花生剥壳后洗净；姜洗净，切片。

2 余烫鸡爪
起水锅，加入盐、米酒及鸡爪一起余烫，鸡爪熟后捞出、沥干备用。

3 熬煮汤料
取砂锅，将余烫后的鸡爪、花生、红枣及姜片放入，再加水淹过食材，用大火煮至沸腾。

4 炖煮入味
捞出浮末后，转小火炖煮45 分钟，起锅前加入盐、米酒拌搅均匀即可。

青木瓜炖猪蹄

木瓜含有丰富的酶，可刺激女性分泌激素、刺激卵巢雌激素分泌，使乳腺畅通并有效通乳。

材料（1 人份）

猪蹄半只　青木瓜半个
姜 10 克　葱 10 克
盐 5 克

1 备好材料

姜洗净，切片；葱洗净，切段；青木瓜洗净后，去皮、剖半、去籽，再切块备用。

2 处理猪蹄

猪蹄除毛后洗净、氽烫，再捞出、沥干备用。

3 熬煮汤料

起水锅，放入猪蹄、姜片，用大火煮至沸腾，再转中火熬煮 30 分钟，接着倒入青木瓜，再用小火继续熬煮 30 分钟，直至木瓜熟烂。

4 调味增香

待木瓜熟烂后，加入葱段、盐搅拌均匀，即可关火、起锅食用。

清炒猪蹄筋

猪蹄筋含有丰富的胶原蛋白，脂肪含量非常低，并且不含胆固醇。

材料（1 人份）

- 猪蹄筋 200 克　豌豆荚 80 克　葱 10 克
- 食用油 5 毫升　蚝油 10 克
- 米酒 5 毫升　太白粉水 20 毫升

1 备好材料

葱洗净，切段；豌豆荚洗净，焯烫；猪蹄筋洗净后，切条、汆烫，再捞出、沥干。

2 炒香食材

起油锅，爆香葱段，加入猪蹄筋、豌豆荚、米酒、蚝油及少许水煨煮，快速翻炒几下，使猪蹄筋均匀受热。

3 勾层薄芡

煮至沸腾后，沿锅边均匀淋上太白粉水，勾好薄芡，熬煮至汤汁收浓即可。

109

猪蹄炖茭白

猪蹄可以增强乳汁分泌，这道汤品很适合产后的妈咪们食用。

材料（1 人份）

- 猪蹄半支　茭白 1 支
- 姜 20 克　盐 5 克
- 米酒 10 毫升

1 备好材料
茭白洗净后，去皮及根部，切成适口的滚刀块；姜洗净，切片；猪蹄洗净后剖半，切成适口大小。

2 氽烫猪蹄
起水锅，放入猪蹄、米酒及部分姜片氽烫熟透，捞起、沥干。

3 大火烹煮
取砂锅，放入氽烫好的猪蹄、剩余姜片及茭白，再加氽烫过的食材，用大火煮至沸腾。

4 小火慢炖
加入米酒，再盖上锅盖，转小火继续熬煮 1 小时，起锅前加盐调味即完成。

核桃炖海参

　　加水泡发的海参不能久放，保存日期不可超过 3 天，存放期间用凉水浸泡，放入冰箱中，每日换水 2 ~ 3 次，不可沾染油腥。

材料（1 人份）

- 核桃 20 克　莴笋 50 克　海参 100 克
- 姜 5 克　葱 10 克　米酒 5 毫升
- 蚝油 5 克　胡椒粉 5 克　香油 5 毫升

1 备好材料

　　将海参发透、去肠杂，并切成适口长条状；核桃去杂质后洗净；莴笋去皮、洗净，切成海参长条大小；姜洗净，拍松；葱洗净，切段。

2 炖煮食材

　　取炖锅，放入海参、核桃、莴笋、姜及适量水，用大火熬煮至沸腾，再加入蚝油、米酒，盖上锅盖，继续炖煮 15 分钟。

3 收汁提香

　　熬煮至收汁后，放入胡椒粉、葱段提香，最后滴点香油即可起锅食用。

蒜泥猪五花

添加了蒜泥与葱末的五花肉薄片，咬起来香气十足，简单调味与新鲜食材合起来便是美味无敌。

材料（2人份）

五花肉 200 克　姜 20 克
葱 30 克　蒜 25 克
酱油膏 5 克　酱油 5 毫升
白糖 5 克　米酒 10 毫升

1 备好材料

洗净五花肉；姜洗净，切片；葱洗净后，20 克切长段，10 克切末；蒜洗净后，捣成泥备用。

2 加酒汆烫

取水锅，放入葱段、姜片与米酒一起熬煮至沸腾。

营养重点

....

　　猪肉含有丰富的营养素，包含B族维生素以及蛋白质、铁、钙、钾、钠、铜、锌等，可以提供人体所需维生素、矿物质、蛋白质及脂肪，并帮助加强免疫力及修复身体组织。

3 熬煮肉块

　　待锅里沸腾后，放入五花肉，用中火继续熬煮15分钟。

4 关火闷熟

　　待15分钟后五花肉表面呈现熟色，加盖、关火继续闷5分钟，利用锅中的余热让五花肉更为熟透。

5 切成薄片

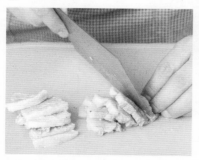

　　将五花肉取出沥干，切成薄片，盛盘备用；另取一小碟，加入酱油膏、酱油及白糖搅拌均匀。

6 蒜泥增香

　　将搅拌好的酱汁均匀地淋在肉片上，并铺上蒜泥，撒上葱末即可食用。

花生眉豆煲猪蹄

第3周 185 MIN

猪蹄含有丰富的胶原蛋白，花生中含有丰富的脂肪油和蛋白质，有催乳下奶的作用，新妈妈常食此膳食，可预防乳汁不足。

材料（2人份）

猪蹄 400 克　木瓜 150 克　水发眉豆 100 克
花生 80 克　红枣 30 克　姜片少许
盐 2 克　料酒适量

扫一扫·轻松学

1 备好材料

洗净的木瓜切开，去籽，切块。

2 汆猪蹄

锅中注入适量清水，倒入猪蹄，淋入料酒，汆片刻至转色，关火后将汆好的猪蹄捞出，沥干水分，装盘待用。

3 煲汤

砂锅中注入适量清水，倒入猪蹄、红枣、花生、眉豆、姜片、木瓜，拌匀，加盖，大火煮开转小火煮3小时至食材熟软。

4 调味

揭盖，加入盐，搅拌至入味。

5 盛出

关火后将煮好的菜肴盛出，装入碗中即可。

鲜奶猪蹄汤

此道菜品有养血、通络、下乳的功效，适用于产后体质虚弱、乳汁不足者。此外，猪蹄在炖煮时不宜过早放盐，以免破坏营养。

材料（2 人份）

- 猪蹄 200 克　红枣 10 克
- 牛奶 80 毫升
- 高汤适量　料酒 5 毫升

扫一扫·轻松学

1 汆猪蹄
锅中注水烧开，放入猪蹄，煮约 5 分钟，汆去血水，加料酒，去腥，捞出过冷水，待用。

2 煮食材
锅中注水烧热，放入猪蹄、红枣，拌匀，盖上锅盖，用大火煮约 15 分钟，转小火煮约 1 小时至食材软烂。

3 倒牛奶
打开锅盖，倒入牛奶，拌匀，稍煮片刻，至汤水沸腾。

4 盛出
关火后盛出煮好的汤料，装入碗中即可。

四物汤

集当归、熟地、白芍、川芎四味名贵中药，补气补血，配上最常吃的排骨，熬出不一样的滋补美味！

材料（1人份）

- 当归、熟地、白芍、川芎各15克
- 排骨150克　盐2克

1 备好材料

将当归、熟地、白芍、川芎放入碗里，倒入清水泡发5分钟，捞出泡好的当归、熟地、白芍、川芎，沥干水分，装入隔渣袋中，待用。

2 汆排骨

沸水锅中放入洗净的排骨，汆煮一会儿至去除血水和脏污，捞出汆好的排骨，沥干水分，装盘待用。

3 煮汤

砂锅注入1000毫升清水，倒入汆好的排骨，放入装好汤料的隔渣袋，加盖，用大火煮开后转小火续煮2小时至食材有效成分析出。

4 调味

揭盖，取出隔渣袋，加入盐，搅匀调味。

5 盛出

关火后盛出煮好的汤，装入碗中即可。

枸杞木耳乌鸡汤

乌鸡是补虚劳、养身体的上好佳品，搭配能提升免疫力的枸杞和可预防便秘的木耳一同煮汤，体虚的产妇食用大有裨益。

材料（4人份）

乌鸡块 400 克　木耳 40 克
枸杞 10 克　姜片少许
盐 3 克

扫一扫·轻松学

1 汆乌鸡

锅中注入适量的清水大火烧开倒入备好的乌鸡块，搅拌汆去血沫，捞出，待用。

2 煮汤

砂锅中注入适量的清水大火烧热，倒入乌鸡、木耳、枸杞、姜片，搅拌匀，盖上锅盖，煮开后转小火煮 2 小时至熟透。

3 调味

掀开锅盖，加入少许盐，搅拌片刻。

4 盛出

将煮好的鸡肉和汤盛出装入碗中即可。

苹果红枣鲫鱼汤

第3周   20 MIN

苹果含有丰富的维生素C，对抗氧化，增强机体免疫力有益，故此道膳食具有补养身体、滋润气血、补中益气、健脾益胃、利水消肿等功效，对产妇有天然的补养功效。

材料（5人份）

- 鲫鱼500克　去皮苹果200克　红枣20克
- 香菜叶少许　盐2克　胡椒粉2克
- 水淀粉、料酒、食用油各适量

扫一扫·轻松学

1 备好材料

洗净的苹果去核，切成块，往鲫鱼身上加上盐，涂抹均匀，淋入料酒，腌渍10分钟入味。

2 煎鲫鱼

用油起锅，放入鲫鱼，煎约2分钟至金黄色。

3 注水煮汤

注入适量清水，倒入红枣、苹果，大火煮开；

4 调味

加入盐，拌匀，加盖，中火续煮5分钟至入味；揭盖，加入胡椒粉，拌匀，倒入水淀粉，拌匀。

5 盛出

关火后将煮好的汤装入碗中，放上香菜叶即可。

莲子鲫鱼汤

第 3 周

吃饭没有什么胃口，看着餐桌上的肉都不想动！今天煲个清淡的鱼汤来缓解缓解下。

材料（1 人份）

鲫鱼 1 条　莲子 30 克
黄酒 5 毫升　姜 3 片
葱白 3 克　盐 2 克　食用油 15 毫升

扫一扫·轻松学

1 煎鱼
用油起锅，放入处理好的鲫鱼，轻轻晃动煎锅，使鱼头、鱼尾都沾上油，盖上盖，煎 1 分钟至金黄色。

2 煮鱼
揭盖，翻面，再煎 1 分钟至金黄色，倒入适量热水，没过鱼身，加入葱白、姜片、料酒，盖上盖，大火煮沸。

3 放莲子
揭盖，倒入泡好的莲子，拌匀，盖上盖，小火煮 30 分钟至有效成分析出。

4 调味
揭盖，倒入盐，拌匀调味。

5 盛出
关火将煮好的汤盛入碗中即可。

119

养颜红豆汤

妈咪们多吃红豆可促进乳汁分泌。另外，红豆具备丰富的营养素，包含糖类、蛋白质、维生素等，可有效去除水肿。

材料（1 人份）

红豆 100 克
黑糖 20 克

1 备好材料

红豆洗净，再加水淹没、浸泡 5 小时。

2 熬煮红豆

起一锅水，加入浸泡好的红豆煮至沸腾，转小火继续熬煮 40 分钟至红豆熟透。

3 黑糖增味

待红豆熟烂后加入黑糖，搅拌均匀即可起锅食用。

丝瓜猪骨粥

丝瓜含有蛋白质、植物黏液、木糖胶及多种维生素、矿物质，具有美容养颜、通经活络等功效，适合产后第3周的妈妈食用。

材料（2人份）

- 猪骨200克　丝瓜100克　虾仁15克
- 大米200克　水发香菇5克　姜片少许
- 料酒8毫升　盐2克　鸡粉2克　胡椒粉2克

扫一扫·轻松学

1 准备材料

去皮丝瓜切滚刀块，香菇切成丁。

2 汆猪骨

锅中注水烧开，倒入猪骨，搅拌匀，淋入料酒，汆去血水，捞出，沥干水分，待用。

3 煮粥

砂锅中注入适量清水，用大火烧热，倒入猪骨、姜片、大米、香菇，搅匀，烧开后转中火煮45分钟；倒入备好的虾仁，搅匀，续煮15分钟；倒入丝瓜，煮至食材熟软。

4 调味

加入少许盐、鸡粉、胡椒粉，搅拌均匀，至食材入味。

5 盛出

关火后将煮好的粥盛出，装入碗中即可。

小米鸡蛋粥

鸡蛋含有卵磷脂、胆固醇、蛋黄素、钙、磷、铁、维生素 A 等成分，产后第 3 周的妈妈们食用可以补充钙质、增强免疫力。

材料（3 人份）

- 小米 300 克
- 鸡蛋 40 克
- 盐、食用油适量

扫一扫·轻松学

1 煮小米

砂锅中注入适量的清水大火烧热，倒入备好的小米，搅拌片刻，盖上锅盖，烧开后转小火煮 20 分钟至熟软。

2 调味

掀开锅盖，加入少许盐、食用油，搅匀调味。

3 打鸡蛋

打入鸡蛋，小火煮 2 分钟。

4 调味

关火，将煮好的粥盛出装入碗中即可。

杂菇小米粥

 第 3 周   45 MIN

香菇含有 B 族维生素、磷、钙等多种营养物质，具有抗病菌、增强免疫等多种功效，搭配养胃的小米煮粥，很适合新妈妈们食用。

材料（1 人份）

平菇 50 克　香菇（干）20 克
小米 80 克　盐、鸡粉各 2 克
食用油 5 毫升

扫一扫·轻松学

1 煮小米

砂锅中注水烧开，倒入泡好的小米，加入食用油，拌匀，盖上盖，用大火煮开后转小火续煮 30 分钟至小米熟软。

2 放双菇

揭盖，倒入洗净切好的平菇，放入洗好切完的香菇，拌匀，盖上盖，用大火煮开后转小火续煮 10 分钟至食材入味。

3 调味

揭盖，加入盐、鸡粉，拌匀。

4 盛出

关火后盛出煮好的粥，装入碗中即可。

123

红豆黑米粥

   67 MIN

黑米有改善缺铁性贫血、养颜等功效，红豆具有健脾益胃、利尿消肿等功效，两者搭配，适合女性产后食用。

材料（2 人份）

- 黑米 100 克
- 红豆 50 克
- 冰糖 20 克

扫一扫·轻松学

1 煮粥

砂锅中注入适量清水烧开，倒入洗净的红豆和黑米，搅散、拌匀，盖上盖，烧开后转小火煮约 65 分钟，至食材熟软。

2 调味

揭盖，加入少许冰糖，搅拌匀，用中火煮至溶化。

3 盛出

关火后盛出，装在碗中即可。

绿豆糯米奶粥

 第3周   33 MIN

此道粥品能改善胃肠下垂的状况，预防便秘，也有助于改善产后新妈妈气虚造成的多汗现象，适合食用。

材料（3人份）

> 水发糯米 230 克
> 绿豆 80 克　香菜叶少许
> 盐 2 克

扫一扫·轻松学

1 煮粥

砂锅中注入适量清水，倒入绿豆、糯米，拌匀，加盖，大火煮开转小火煮30分钟至食材熟软。

2 调料

揭盖，加入盐，拌匀，放入香菜叶，拌匀。

3 盛出

关火后盛出煮好的粥装入碗中即可。

125

鸡汤烩面

虽然月子期每天大鱼大肉，但也有馋嘴的时候，来一碗营养的鸡汤烩面，胃暖暖的很舒服。

材料（2人份）

面粉 160 克　鸡腿 160 克　鸡蛋液 50 克
食用碱粉 1 克　蒜苗 30 克　香菜 1 克
盐 2 克　食用油适量　香油少量

扫一扫·轻松学

1 煮鸡汤

热锅注水烧热，放入鸡腿，盖上锅盖，煮约 30 分钟后，捞起鸡腿，鸡汤留用。

2 和面

碗中放入碱粉，注水，拌匀，再倒入大碗中，加入鸡蛋液，放入 150 克面粉，拌匀，再将面粉放在台面上，和成面团；放在碗中，封上保鲜膜，醒 20 分钟。

3 做面条

醒面后，撕开保鲜膜，拿出面团，将面团搓成条，揪出小剂子，按压成小面饼，再用擀面杖擀成条形，刷油，再封上保鲜膜，醒 20 分钟。

4 拌鸡腿

鸡腿肉用手撕开放入盘中，放入蒜苗、盐、适量食用油，搅拌均匀。

5 煮面条

将面条拉长，中间撕开，放入煮沸的鸡汤中，再倒入鸡肉、生菜，加入盐、白胡椒粉，拌匀，将煮好的面条盛入碗中，撒上葱花即可。

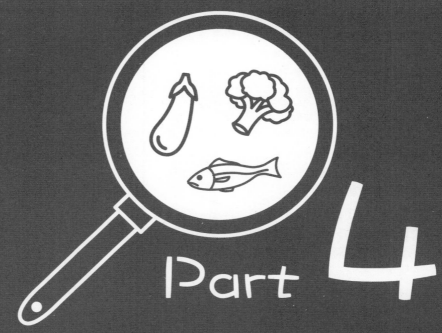

Part 4

产后第4周
体能强化食谱

　　产后第 4 周时，月子期已经开始接近尾声了，到这个阶段，基本上产妇的生活开始步入正轨。此周又称"回春周"，妈咪们应该开始着重体力的恢复，这个时期可以选择温补性的食物来作为饮食的安排。饮食调养重点在于滋补养身、预防老化，但还是要减少油脂的摄入，以免增加身体负担，无法恢复产前的轻盈身材。

产后

第**4**周 体质变化

产后第 4 周虽是月子周期的末尾，但很多事项仍需注意，才能让妈咪们的身材恢复得更好。中医又称产后第 4 周为"回春周"，这一周重点在于滋补养身、预防老化，从均衡饮食的角度来作调养。

这一周，妈咪们的身体仍然存在小幅度的变化。虽然没有强烈感受，但子宫的体积、功能仍在恢复中，子宫颈会在这个阶段恢复到正常的大小，随着子宫逐渐恢复，新的内膜也正在逐渐生长中。

若是到了此时期，仍有出血情况，应尽快咨询医生。另外，妈咪们在这周应继续坚持产褥体操的练习，才能让子宫、腹肌、阴道及盆底肌恢复得更好、更快速。

产后第 4 周，妈咪们的乳汁分泌已经增多，容易患上急性乳腺炎，因此需要密切观察乳房情况。若是真患上乳腺炎，一定要维持稳定情绪，定时给宝宝哺乳，尽量维持乳腺管的畅通。

这个时期，若要和宝宝一起去医院进行健康检查，可以适当地出门，外出时最好不要穿高跟鞋，并且得注意宝宝哺乳的时间。虽说可以出门，还是有两大要点须遵守，第一，不宜出远门；第二，不宜带宝宝到人多的地方去。

进入产后第 4 周，妈咪们与宝宝在哺乳过程中，感情大为增进、越来越深厚，加上身体恢复的不错，整体而言，心情是开朗而喜悦的。

产后第 4 周
注意事项

1. 正常洗浴

到了这个时期，妈咪们的恶露已经逐渐减少乃至消失，但要注意，须避免盆浴，以免遭受细菌感染。淋浴相对而言，是较好的选择。梳洗时，私密部位可用毛巾沾温水轻柔擦洗。

2. 禁止性生活

月子即将结束，不代表可以恢复正常性生活，这一点夫妻双方都必须理解。一般而言，产褥期内必须严禁性生活，尤其是剖宫产妈咪，三个月内都要避免性行为，否则容易发生感染的危险。

3. 不宜劳累

产后第四周，日常家务虽然可以逐渐恢复，包含护理宝宝的诸多事项，但妈咪们仍须注意，不能因为家务太过劳累，并且应该拥有充分的休息。

4. 定期健康检查

妈咪们在生产过后，仍需定期到医院进行健康检查，确认身体恢复情况是否良好，同时也要一并检查宝宝的生长情况，妈咪们才能陪伴宝宝健康、快乐地成长。

饮食调理重点

产后第 4 周，妈咪们应该开始着重体力的恢复，这个时期可以选择温补性的食物来作为饮食的安排。

若刚好在冬天，可以选择像是羊肉、鲜鱼以及猪蹄等滋养气血的温补食物，尤其是鲜鱼，做成鱼汤除了可以补充妈咪们的能量，还可以帮助催乳。

虽然这个时期可以摄取一些滋补养身的料理，但还是要减少油脂的摄入，以免造成身体负担，无法恢复到产前的轻盈身材。

简单几个小秘诀，便能避免摄入多余油脂，例如在食用麻油鸡汤时，将浮油撇去或将鸡肉去皮再吃，还能以鸡汤取代部分麻油鸡等，这些方式不但可以摄取足够的蛋白质，还可以减少脂肪的摄取。

另外，在饮食方面可以适时安排药膳煲汤，但是有几点需要注意，在料理药膳煲汤前，必须了解药材特性是什么，寒、热、温、凉的特性各不相同。因此，若对药材不甚熟悉，最好选择没有强烈药效的枸杞、当归等一般药材。

妈咪们无论是否需要哺乳，对于这时期的饮食调理都不应该掉以轻心，这一周是产后恢复的关键时期，身体各个器官正逐渐恢复到产前的状态，开始有效率而积极地运作着，这时候需要更多的营养来帮助运转，才能让妈咪们尽快恢复元气，回到产前的良好状态。

产后第 4 周
注意事项

1. 乳房卫生护理

这个时期，妈咪们的乳汁越来越充沛，千万不要因为哺乳而忽视乳房护理，应该留意是否出现急性乳腺炎、产褥热等情况，对于准备开始工作的职业妈咪来说，应开始减少食用催乳食品。

2. 去除妊娠纹

随着身体恢复，妊娠纹的问题开始逐渐凸显，妈咪们开始为了肚皮及大腿上丑陋的妊娠纹感到烦恼。想要消除妊娠纹，应加强自身体质、均衡饮食、少吃油炸食品及甜食并控制体重增长，还可使用托腹带来承担腹部的重力负担，减缓皮肤过度延展拉扯。

3. 心理恢复

根据调查，部分剖宫产妈咪很难进入母亲的角色。这些女性把与宝宝相处时，做得不够完美的原因都归结于是剖宫产惹的祸。到了产后第四周，接触其他具备类似分娩经历的女性是非常重要的，通过经验的传承，心情得到极大的放松，分娩的痛苦经历逐渐被淡忘，开始能够客观对待剖宫产了。

清蒸蒜泥茄

茄段刷油后再进电锅蒸煮，可以保有鲜亮原色，不至于在蒸煮过程中表皮干瘪。

材料（1人份）

茄子 100 克　蒜头 10 克
酱油 5 毫升　白醋 5 毫升
食用油 10 毫升

1 备好材料

茄子洗净后，去除蒂头、对剖切长段；蒜头洗净后压泥备用。

2 刷油增色

将油沾在刷子上，在茄段上薄薄抹上一层，盛盘备用。

营养重点

　　茄子饱含水分，而且营养价值极高，含有维生素A、维生素C、磷、钙、镁、钾、铁和铜等营养素，同时富含膳食纤维，紫色外皮还含有多酚类，对人体十分有益。

3 电锅蒸熟

　　将刷好油的茄段放入电锅蒸熟。

4 调和酱料

　　取小碗，将酱油、白醋以及蒜泥倒在一起搅拌均匀。

5 淋酱增香

　　将蒸熟的茄段从电锅中取出，均匀淋上调好的酱汁即可。

素香茄子

　　烹饪茄子时，为避免维生素大量流失，应尽量避免采用油炸的方式。

材料（1 人份）

茄子 150 克　辣椒 40 克　姜 10 克
素碎肉 50 克　豆瓣酱 20 克
食用油 5 毫升　白糖 5 克

1 备好材料

　　茄子洗净，切滚刀块；辣椒洗净，切末；姜洗净，切末。

2 煎香茄子

　　起油锅，放入茄子煎香，煎至茄子略软即可起锅备用。

3 炒香配料

　　利用锅里的余油，爆香辣椒与姜末，再放入素碎肉和豆瓣酱、白糖拌炒均匀。

4 加水焖煮

　　待酱料香气炒出后，再放入茄子和 100 毫升水，加盖焖煮 15 分钟，茄子完全熟透后即可起锅食用。

烤起司鲑鱼

添加起司的鲑鱼口感更好，一入口满满起司的咸香，令人吮指回味。

扫一扫·轻松学

材料（1 人份）

┌ 低脂起司 1 片　鲑鱼 200 克
│ 盐 5 克　米酒 10 毫升
└ 食用油 5 毫升

1 备好材料
鲑鱼加米酒抓腌后，两面各刷上一层薄薄的油并抹上盐。

2 起司增味
将起司片切粗丝，铺平在鲑鱼上。

3 预热烤箱
烤箱以 200 ℃ 的温度预热 10 分钟，并将铺在烤盘上的铝箔纸用刷子涂上一层薄薄的油。

4 鲑鱼烤熟
将鲑鱼放入烤箱内，烤至鲑鱼熟透、起司融化即可。

豌豆烧黄鱼

黄鱼含有丰富的营养素，如维生素 B_1、维生素 B_2、烟酸、蛋白质以及铁等，而且鱼肉组织柔软，易于妈咪们消化吸收。

材料（1 人份）

- 黄鱼 1 条　豌豆 100 克　蒜 10 克　葱 10 克
  姜 10 克　盐 5 克　酱油 20 毫升　醋 5 毫升
  冰糖 5 克　米酒 5 毫升　太白粉 5 克

1 备好材料

蒜、姜洗净后拍碎；黄鱼、豌豆各自洗净备用。

2 腌渍黄鱼

取黄鱼，在鱼肚中放入少许盐、蒜、葱及姜，往鱼身表面抹上太白粉，静置 10 分钟入味。

3 熬煮入味

起油锅，放入黄鱼煎香，待两面略为焦色时倒入豌豆炒熟，最后放入酱油、醋、冰糖、米酒、少许水，大火熬煮入味即可起锅食用。

陈皮红豆黄鱼煲

 第4周 105 MIN

红豆、黑豆用于烹饪时，需加水浸泡，使其发胀，否则很难熟透。

材料（1人份）

黄鱼1条　红豆30克　黑豆30克　胡萝卜50克　姜片10克
红枣10颗　陈皮5克　食用油5毫升　盐5克
酱油20毫升　米酒5毫升　太白粉5克

1 备好材料

将红豆、黑豆洗净后，加水浸泡5至6小时，泡至其表皮胀裂；红枣、陈皮加水泡软；胡萝卜洗净，切滚刀块。

2 腌渍黄鱼

黄鱼洗净后放入大碗，加入米酒、盐及太白粉，腌渍10分钟。

3 煎香黄鱼

起油锅，放入黄鱼，煎至两面金黄便可起锅备用。

4 熬煮入味

起水锅，加入陈皮烧开后，放入红豆、黑豆及姜片，用小火炖煮1小时，再放入胡萝卜、红枣、煎熟的黄鱼及酱油继续熬煮半小时，即可起锅食用。

西红柿鱼片

鲷鱼入口绵密，味道鲜美，可以与多种食材搭配，很适合产后的妈咪们食用。

材料（1 人份）

- 鲷鱼肉 180 克　西红柿块 100 克　豌豆 60 克　鸡蛋 1 个（取蛋白）
- 葱 10 克　姜 10 克　蒜 10 克　食用油 5 毫升　盐 5 克　白糖 5 克
- 酱油 20 毫升　香油 5 毫升　米酒 5 毫升　太白粉 5 克

1 备好材料

鲷鱼肉洗净，切片；葱、姜、蒜各自洗净，切末。

2 腌渍鱼肉

将鱼片放入碗中，用米酒、盐抓腌；另取小碗，放入蛋白、太白粉充分搅拌，将其均匀地裹在鱼片上。

3 鱼片煎香

起油锅，将处理好的鱼片煎香后，盛盘备用；利用锅里的余油，爆香葱、姜及蒜后，放入西红柿块、豌豆、白糖及少许水熬煮至收汁。

4 加入鱼片

待酱汁浓稠后，放入鱼片、酱油拌炒均匀，起锅前滴上香油即可。

家常带鱼煲

家常带鱼煲拥有蔬菜的清甜、鱼肉的鲜香及粉丝的滑溜，让人容易拥有饱足感。

材料（1人份）

白带鱼 150 克　白菜 75 克　粉丝 1 份
葱 10 克　姜 10 克　蒜 10 克　食用油 5 毫升
盐 2 克　白糖 5 克　豆瓣酱 5 克　米酒 5 毫升

1 **备好材料**
白带鱼去内脏后，洗净、切段；葱、姜、蒜洗净后，各自切末；白菜洗净后撕成小片；粉丝加水泡软。

2 **腌渍带鱼**
取大碗，放入白带鱼、盐及米酒抓腌，静置 5 分钟。

3 **煎香带鱼**
起油锅，放入白带鱼煎香，待两面上色即可盛盘备用。

4 **炒香酱料**
利用锅中余油，爆香葱、姜、蒜后，放入豆瓣酱、白糖、米酒以及少许水拌炒均匀，再下白带鱼熬煮至沸腾。

5 **放入粉丝**
待锅里沸腾后放入粉丝、白菜，煨煮至收汁即可起锅食用。

水晶猪蹄

第4周　40 MIN

　　猪蹄表皮含有大量的胶原蛋白，可滋阴补虚、养血益气，是妈咪们的美容圣品。

材料（1人份）

猪蹄 250 克　　盐 5 克
米酒 5 毫升　　姜块 15 克
葱 15 克

1 备好材料
　　猪蹄洗净后，刮净毛、去骨；葱洗净，切小段；姜洗净后用刀压扁。

2 炖煮猪蹄
　　起水锅，加入猪蹄、盐、米酒、葱段及姜块一起炖煮至沸腾，再转小火熬煮半小时。

3 猪蹄切片
　　待猪蹄全熟后，取出沥干、切片，即可盛盘食用。

烤芝麻猪排

第 4 周　40 MIN

猪排抹上少许太白粉，可以锁住肉汁，不至于在烤制过程中变柴。

扫一扫·轻松学

材料（1 人份）

白芝麻少许　猪大排 150 克
蒜头 25 克　食用油 5 毫升
太白粉少许

材料 A

酱油 10 毫升
白糖 5 克

1 备好材料

将白芝麻干锅炒香；蒜头洗净，切末；铝箔纸预先抓皱备用；取小碗，将材料 A 放入拌匀。

2 腌渍猪排

猪排先用肉槌拍打，再均匀抹上少许太白粉，取大碗放入猪排、蒜末及调好的酱料腌渍 10 分钟。

3 预热烤箱

烤箱以 200℃的温度预热 10 分钟，并将铺在烤盘上的铝箔纸用刷子涂上一层薄薄的油。

4 芝麻增香

猪排肉放入烤箱烤熟，食用前撒上白芝麻即可。

葱烧豆包

豆包煎香后，除了香气更足，还能定形，避免在翻炒的过程中散开。

材料（1 人份）

豆包 80 克　葱 40 克　姜 10 克
食用油 5 毫升　蚝油 5 克　酱油 5 毫升
白糖 5 克

1 备好材料
豆包洗净，沥干水分；葱洗净，切段；姜洗净，切末。

2 等分切开
起油锅，放入豆包煎香，待两面微有焦色即可取出，在熟食砧板上切成四等份。

3 爆香葱姜
利用锅里的余油，爆香姜末与葱段，待香味传出后放入豆包一起拌炒。

4 调味增香
放入蚝油、酱油及白糖，拌炒均匀即可起锅食用。

咸蛋西蓝花

由于咸蛋本身已有咸味，无需再下其它调味料风味就很好。

材料（1 人份）

- 咸蛋 1/3 个　西蓝花 100 克
- 蒜 10 克　食用油 5 毫升

1 备好材料
西蓝花洗净，切小朵；蒜洗净，切大片。

2 蛋白剁碎
将咸蛋白、咸蛋黄分离后，将蛋白、蛋黄分别剁成碎末。

3 蛋黄增香
起油锅，爆香蒜片，炒至香味传出后放入西蓝花一起拌炒，待西蓝花炒熟后加入蛋黄一起拌炒。

4 炒至起泡
将咸蛋黄炒至起泡，再放入咸蛋白拌炒均匀即可起锅食用。

金银蛋苋菜

第 4 周 10 MIN

爆香蒜末后，再加入苋菜一起煨煮，搭配咸蛋及皮蛋，口感更具层次。

材料（1 人份）

咸蛋 1 个　皮蛋 1 个
苋菜 100 克　蒜 20 克
食用油 5 毫升

1 备好材料

苋菜洗净后，切段备用；蒜洗净，切末；咸蛋去壳，切丁。

2 汆烫皮蛋

起水锅，放入皮蛋汆烫，使蛋黄烫熟、凝固。

3 皮蛋切丁

将皮蛋从滚水中取出放凉，切成与咸蛋丁一样的大小。

4 双蛋添香

起油锅，爆香蒜末，加入苋菜略微拌炒，再加少许水、咸蛋丁及皮蛋丁一起煨煮，待苋菜熟软后即可起锅。

西红柿卤肉

西红柿经过长时间焖煮，味道全部释放到汤汁中，与猪肉堪称绝妙组合。

材料（1 人份）

- 猪肉 200 克　西红柿 50 克
- 葱 30 克　五香粉 5 克
- 食用油 5 毫升

1 备好材料

猪肉洗净，切块；西红柿洗净后，除去蒂头、切块 葱洗净，切段。

2 炒香肉块

热油锅，放入葱段爆香，再下猪肉块炒香。

3 五香粉增香

放入西红柿炒香后，加入五香粉及 150 毫升水大火熬煮至沸腾。

4 加盖焖煮

待锅内沸腾后加盖，转小火继续焖煮 20 分钟即可起锅食用。

青椒肉末炒黄豆芽

　　猪绞肉拥有丰富的油脂，可以使用这些油脂来炒香其他食材，不但美味而且更健康。

材料（1 人份）

- 黄豆芽 150 克　胡萝卜 20 克
- 青椒 40 克　猪绞肉 50 克
- 食用油 2 毫升　盐 5 克

1 备好材料

　　黄豆芽洗净，去尾；青椒洗净后剖半、去籽，切丝；胡萝卜洗净，切丝。

2 逼出猪油

　　起油锅，放入猪绞肉，用中火慢煎出猪油。

3 炒香蔬菜

　　加入胡萝卜、黄豆芽一起拌炒，炒至胡萝卜、黄豆芽都熟透。

4 青椒增色

　　放入青椒、盐一起拌炒均匀，待青椒熟软后便可起锅食用。

黄豆芽木耳炒肉丝

 第 4 周 20 MIN

黄豆芽的爽脆与沾附酱香的肉丝是很棒的组合，只要再来一碗烫青菜与白饭，就是丰盛的一餐！

材料（1 人份）

黄豆芽 60 克　木耳 30 克　肉丝 150 克　豆瓣酱 10 克
盐 2 克　白糖少许　食用油 5 毫升　太白粉 5 克
酱油 10 毫升　白胡椒粉 5 克

---

1 备好材料

木耳洗净，切丝；黄豆芽洗净，去根须。

2 腌渍肉丝

取小碗，放入肉丝，淋入酱油，撒入太白粉，均匀抓腌，并静置 10 分钟入味。

3 肉丝炒香

起油锅，放入腌好的肉丝炒至半熟后捞出备用。

4 调料增香

在原锅放入木耳、黄豆芽炒至半熟，放入肉丝拌炒均匀，再加入豆瓣酱、盐、白糖、白胡椒粉一起拌炒。

5 加水焖煮

放入少许水，加盖焖煮至收汁即可起锅食用。

土豆炒肉丝

....

土豆料理前先焯烫，可以加速熟成及去除多余淀粉质。

材料（1 人份）

┌ 土豆 100 克　肉丝 150 克
│ 葱 20 克　盐 5 克
└ 食用油 5 毫升　太白粉 20 克

....

1 备好材料
　　土豆洗净后去皮，切丝、泡水；葱洗净，切段；肉丝洗净后，加入太白粉拌匀备用。

2 焯烫土豆
　　起水锅，加入土豆焯烫后，捞出、沥干。

3 炒香肉丝
　　起油锅，放入葱段爆香后，加入肉丝炒至八分熟。

4 炒香土豆
　　加入土豆、盐拌炒均匀，待土豆熟透后即可起锅食用。

牛蒡烩鸡腿

鸡肉与牛蒡、胡萝卜的搭配，掳获了很多妈咪的芳心。

材料（1 人份）

鸡腿 150 克　牛蒡 30 克　胡萝卜 30 克
蒜头 2 颗　玉米笋 30 克　食用油 5 毫升
酱油 15 毫升　香油 5 毫升

1 备好材料

　　将鸡腿洗净、切成大块后，氽烫备用；胡萝卜切片；蒜头拍扁；玉米笋洗净，切斜刀。

2 处理牛蒡

　　牛蒡洗净后切成斜刀片，放入滚水中焯烫，再捞出、沥干。

3 炒香蔬菜

　　起油锅，爆香蒜片，放入胡萝卜、玉米笋，中火拌炒至熟透。

4 熬煮入味

　　加入鸡腿、牛蒡、酱油及少许水一起煨煮 10 分钟，待鸡腿入味后淋上香油增香，即可起锅盛盘食用。

147

山药酥

品质优良的山药外皮无伤、黏液多，而且水分少，选购时可将此作为挑选条件。

材料（1人份）

白山药250克　紫山药250克
黑芝麻30克　食用油10毫升
白糖5克　太白粉5克

1 备好材料
两种山药洗净后去皮、切长条，撒上太白粉；黑芝麻干锅炒香，盛盘备用。

2 山药煎香
起油锅，放入两种山药煎至熟透，呈现外软内硬的状态时便可盛盘。

3 熬煮酱汁
另取一锅，加入白糖与少许水拌炒，糖液炒至黏稠后放入煎香山药，使山药均匀沾黏到糖液。

4 黑芝麻增香
在糖液凝固前撒上黑芝麻即可盛盘食用。

黑米蒸莲藕

　　黑米蒸莲藕是一道营养价值极高的功夫菜，填塞紫米的过程需要花费许多时间及耐心。

材料（1人份）

　紫米 100 克　莲藕 1 节
　白糖 15 克

扫一扫·轻松学

1 备好材料
　　紫米洗净后，浸泡 3 小时；莲藕洗净后，削去外皮并切去一头。

2 填塞紫米
　　用筷子将紫米填进藕孔里，全部填满后再将切下来的藕头用牙签固定。

3 放入蒸锅
　　将填塞满紫米的莲藕放入蒸锅，大火蒸煮 40 分钟，蒸至紫米熟透即可。

4 白糖增甜
　　莲藕放凉、切片，盛盘，撒上白糖即可食用。

鸭肉海带汤

第4周　45 MIN

鸭肉营养丰富且性寒，特别适宜产后的妈咪们在夏季食用，既能补充营养，又可祛除暑热带来的不适。

材料（1人份）

鸭肉 250 克　海带 50 克
姜 10 克　盐 5 克

1 备好材料

鸭肉洗净、切块后，氽烫备用；海带洗净、加水泡软后切小片。

2 熬煮汤料

取砂锅，放入海带、鸭肉、姜片及 500 毫升水，大火熬煮至沸腾后，转小火继续熬煮 40 分钟。

3 调味增香

在砂锅里加入盐，搅拌均匀即可起锅食用。

猪蹄黄豆汤

猪蹄含有丰富的胶原蛋白，又可帮助催乳，是产后妈咪们不可或缺的食材之一。

材料（1 人份）

猪蹄 1 只　黄豆 50 克
葱 10 克　姜 10 克
盐 5 克　米酒 5 毫升

1 备好材料

猪蹄洗净后，切块、氽烫；黄豆洗净，加水浸泡；葱洗净，切段；姜洗净，切片。

2 熬煮猪蹄

起水锅，放入黄豆煮至软烂后，加入猪蹄、葱段以及姜片继续熬煮至猪蹄软烂。

3 调味增香

起锅前加入盐、米酒，搅拌均匀即可盛盘食用。

木瓜炖鱼

经过一段时间熬煮后，鲈鱼的鲜美及青木瓜的清香全部融化在汤汁中，十分滋补。

材料（1 人份）

青木瓜 100 克　鲈鱼 1 条
盐 5 克

1 备好材料

将青木瓜洗净、去除白膜后切块；鲈鱼洗净，切块。

2 熬煮汤料

起水锅，放入青木瓜及鲈鱼一起熬煮至沸腾，转小火继续熬煮 15 分钟。

3 加盐调味

待鱼肉全熟、青木瓜煮透后，加入盐搅拌均匀即可起锅食用。

桂圆药膳炖肉

桂圆肉补血养气，对产后的妈咪们来说，是很滋补的食材。

材料（1 人份）

- 桂圆肉 30 克　人参须 6 克
- 枸杞 10 克　猪瘦肉 150 克
- 盐 5 克

1 备好材料
猪肉洗净，切块；人参须浸泡后，切薄片；桂圆肉、枸杞洗净备用。

2 放入炖盅
将桂圆肉、人参须、枸杞、猪瘦肉以及适量清水一起放入炖盅。

3 蒸煮入味
将装有食材的炖盅放入蒸锅中小火蒸煮，待猪肉熟透即可取出。

4 加盐调味
在炖盅里加入盐，搅拌均匀即可盛盘食用。

花生红豆汤

用汤匙送进口中，细致的甜味及豆香立刻在舌尖上漫开，令人不由得感到开朗了起来。

材料（1人份）

红枣 5 颗　红豆 50 克
花生 15 克　葡萄干 15 克
银耳 5 克　冰糖 10 克

1 备好材料

银耳洗净，泡发；红枣洗净；红豆、花生各自洗净后，加水浸泡。

2 熬煮入味

起水锅，将红枣、红豆、花生、葡萄干以及银耳放入熬煮，煮至沸腾后再转小火焖煮 40 分钟。

3 加糖增味

加入冰糖搅拌均匀，待冰糖完全溶化后即可起锅食用。

红薯汤

红薯不但好吃，还能降低糖分的摄取，烹饪过程无需过多的冰糖调味，就非常美味了。

材料（1人份）

红薯 240 克
冰糖 5 克

1 备好材料
红薯洗净后，去皮、切块。

2 熬煮入味
起水锅，加入红薯煮至沸腾，转小火继续熬煮 20 分钟，至红薯完全熟透。

3 冰糖增味
加入冰糖搅拌均匀，待冰糖完全融化后即可盛盘食用。

猪蹄灵芝汤

新妈妈产后常喝此汤不仅能强身健体，改善神疲乏力、心悸失眠等症状，还能美容护肤。

材料（2人份）

猪蹄块 250 克　黄瓜块 150 克
灵芝 20 克　高汤适量　盐 2 克

扫一扫·轻松学

1 汆猪蹄

锅中倒入清水烧开，将剁好的猪蹄倒入锅中，搅拌片刻，汆去血水吗，捞出，过一次凉水。

2 煲猪蹄

砂锅中倒入适量高汤，用大火烧开，放入汆过水的猪蹄，再加入备好的灵芝，搅拌均匀，盖上锅盖，烧开后煮 15 分钟再转中火煮 1～3 小时。

3 加入黄瓜

揭开锅盖，倒入黄瓜块，搅拌片刻，盖上盖子，续煮 10 分钟至黄瓜熟软。

4 调味

揭开盖子，加入少许盐，搅拌片刻，至食材入味。

5 盛出

将煮好的汤料盛出，装入碗中，待稍微放凉即可食用。

怀山板栗猪蹄汤

第 4 周   130 MIN

此道膳食营养丰富，除猪蹄中含有丰富的胶原蛋白外，板栗含有维生素 C、叶酸、B 族维生素等成分，具有强筋健骨、益气补肾、健脾胃等功效，适合产妇食用。

材料（3 人份）

猪蹄 500 克　板栗 150 克
怀山、姜片各少许
盐 2 克

扫一扫·轻松学

1 氽猪蹄
锅中注入适量的清水大火烧开，倒入猪蹄，搅拌片刻去除血水杂质，捞出。

2 煮汤
砂锅中注入适量的清水大火烧热，倒入猪蹄、怀山、板栗、姜片，搅拌片刻，盖上锅盖，烧开后转小火煮 2 个小时至药性析出。

3 调味
掀开锅盖，撇去汤面的浮沫，加入少许盐，搅匀调味。

4 盛出
将煮好的猪蹄汤盛出装入碗中即可食用。

玫瑰花茶

玫瑰在热水的浸润之下，在茶汤中缓缓展开，
有如花朵的生命再次苏醒一般。

材料（1 人份）

干燥玫瑰花 15 克

1 备好材料
锅中注入适量水，煮至沸腾。

2 加入玫瑰
放入玫瑰花一起熬煮，待其散
开即可关火。

3 加盖闷会
加盖闷 10 分钟至出味即可。

猪肝米丸子

猪肝含有丰富的铁、磷，它是造血不可缺少的原料，猪肝中富含蛋白质、卵磷脂和微量元素，有利于产妇的产后恢复；另外，常吃猪肝，还具有抗疲劳的作用。

材料（2 人份）

猪肝 140 克　米饭 200 克　水发香菇 45 克
洋葱 30 克　胡萝卜 40 克　蛋液 50 克
面包糠适量　盐 2 克　鸡粉 2 克　食用油适量

扫一扫·轻松学

1 蒸猪肝

蒸锅上火烧开，放入猪肝，用中火蒸约 15 分钟，至食材熟透，取出。

2 准备材料

去皮胡萝卜切丁，香菇切小块，洋葱切成碎末，猪肝切末。

3 炒饭

用油起锅，倒胡萝卜、香菇、洋葱，炒变软，倒猪肝末、盐、鸡粉，炒匀调味，倒入米饭，快炒至松散，盛出。

4 制成丸子

炒饭制成数个丸子，再滚上蛋液、面包糠，制成丸子生坯。

5 炸丸子

热锅注油，烧至五六成热，放入生坯，轻轻搅动，用中小火炸约 2 分钟，至其呈金黄色；关火后捞出材料，沥干油，放入盘中即可。

159

糯米藕圆子

　　莲藕肉质肥嫩，口感甜脆，而且具有补五脏之虚、强壮筋骨、滋阴养血、利尿通便等作用，适合产后女性食用。

材料（2人份）

扫一扫·轻松学

- 水发糯米220克　肉末55克　莲藕45克
- 蒜末、姜末各少许　盐2克　白胡椒粉少许
- 生抽4毫升　料酒6毫升　生粉、香油、食用油各适量

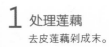

1 处理莲藕
去皮莲藕剁成末。

2 制生坯
　　取一大碗，倒入肉末，放入莲藕，拌匀、搅散，再撒上蒜、姜，搅拌匀，加入盐，撒上白胡椒粉，淋入料酒，放入生抽，注入少许食用油、香油，快速搅拌匀，倒入少许生粉，拌匀，至肉起劲，再做成数个丸子，滚上糯米，制成数个圆子生坯。

3 蒸丸子
　　将生坯放在蒸盘中，待用，蒸锅上火烧开，放入蒸盘，用大火蒸约25分钟，至熟透。

4 盛出
　　关火后，待蒸汽散开，取出蒸盘，稍微冷却后食用即可。

莲子糯米糕

58 MIN

莲子含有维生素 C、叶绿素、棕榈酸、钙、磷、铁等营养成分，具有补脾止泻、益肾固精、养心安神等功效，适合产后第四周的妈妈们食用。

材料（3 人份）

水发糯米 270 克　水发莲子 150 克
清水适量　白糖适量

扫一扫·轻松学

1 煮莲子

锅中注水烧热，倒入洗净的莲子，盖上盖，烧开后转中小火煮约 25 分钟，至其变软；关火后揭盖，捞出煮好的莲子，沥干水分。

2 莲子剔心

莲子装在碗中，放凉后剔除莲心，碾碎成粉末状。

3 糯米装盘

加入备好的糯米，混合均匀，注入少许清水，再转入蒸盘中，铺开、摊平，待用。

4 蒸糯米

蒸锅上火烧开，放入蒸盘；盖上盖，用大火蒸约 30 分钟，至食材熟透；关火后揭盖，取出蒸好的材料，放凉。

5 摆盘

盛入模具中，修好形状，再摆放在盘中，脱去模具，食用时撒上少许白糖即可。

胡萝卜糯米糊

胡萝卜富含维生素 A，可促进机体的正常生长与繁殖，维持上皮组织，产后女性食用可促进机体的康复。

材料（2 人份）

- 糙米、粳米、糯米各 60 克
- 胡萝卜 100 克
- 盐 2 克

扫一扫·轻松学

1 添加食材

备好豆浆机，倒入泡好的糙米，加入粳米、糯米，加入洗净切好的胡萝卜丁，放入盐，倒入适量清水。

2 研磨食材

盖上豆浆机机头，启动"五谷"按键，豆浆机自动磨至粘稠状。

3 盛出

揭开机头，盛出磨好的糯米糊，装碗即可。

草鱼干贝粥

第 4 周　62 MIN

　　草鱼肉嫩而不腻，可以开胃、滋补；干贝含有蛋白质、维生素 B$_2$、维生素 E 等营养成分，产妇食用，具有益气补血、滋阴补肾等功效。

材料（2 人份）

- 大米 200 克，草鱼肉 100 克
- 水发干贝 10 克　姜片、葱花各少许
- 盐 2 克　鸡粉 3 克　水淀粉适量

扫一扫·轻松学

1 腌渍鱼肉

　　草鱼肉切薄片，放入碗中，加盐、水淀粉，拌匀，腌渍 10 分钟至其入味，备用。

2 煮大米

　　砂锅中注水烧开，倒入洗好的大米，拌匀，用大火煮开后转小火煮 20 分钟。

3 加辅料

　　倒入备好的干贝、姜片，续煮 30 分钟；放入腌好的草鱼肉。

4 调味

　　加入盐、鸡粉，拌匀，略煮。

5 盛出

　　关火后盛出，装入碗中，撒上葱花即可。

鳕鱼鸡蛋粥

鳕鱼肉味甘美、营养丰富，富含蛋白质、维生素A、维生素D、钙、镁、硒等营养元素，搭配鸡蛋煮粥，是产后体虚女性的食疗佳品。

材料（2人份）

鳕鱼肉 160 克　土豆 80 克
上海青 35 克　水发大米 100 克
熟蛋黄 20 克

扫一扫·轻松学

1 蒸食材
蒸锅上火烧开，放入洗好的鳕鱼肉、土豆，用中火蒸约 15 分钟至其熟软，取出，放凉。

2 切食材
上海青切去根部，再切细丝，改切成粒；熟蛋黄压碎。

3 碾碎鳕鱼
将放凉的鳕鱼肉碾碎，去除鱼皮、鱼刺，把放凉的土豆压成泥，备用。

4 煮大米
砂锅中注水烧热，倒入大米，搅匀，烧开后用小火煮约 20 分钟至大米熟软。

5 加辅料
倒入鳕鱼肉、土豆、蛋黄、上海青，搅拌均匀，用小火续煮约 20 分钟至所有食材熟透。

6 盛出
揭开盖，搅拌几下，至粥浓稠，关火后盛出煮好的粥即可。

海虾干贝粥

基围虾含有蛋白质、维生素 A、维生素 C、钙、镁、硒、铁、铜等营养成分，具有益气补血、清热明目等功效，不过敏的产后女性可适量食用。

材料（3 人份）

水发大米 300 克　基围虾 200 克
水发干贝 50 克　葱花少许　盐 2 克
鸡粉 3 克　胡椒粉、食用油各适量

扫一扫・轻松学

1 备好材料
洗净的虾切去头部，背部切上一刀。

2 煮粥
砂锅中注入适量清水，倒入大米、干贝，拌匀，大火煮开转小火煮 20 分钟至熟。

3 加入虾
揭盖，倒入虾，稍煮片刻至虾转色。

4 调味
加入食用油、盐、鸡粉、胡椒粉。

5 盛出
搅拌均匀使其入味，关火盛出，装入碗中，撒上葱花即可。

猪肝瘦肉粥

第4周　52 MIN

猪肝含有丰富的铁元素，猪肉含有蛋白质、维生素 B_1、维生素 B_2，磷、钙等营养成分，故此道膳食具有补肾养血、滋阴润燥、增强免疫力等功效，是产妇的补虚佳品。

材料（2人份）

水发大米 160 克　猪肝 90 克　瘦肉 75 克
生菜叶 30 克　姜丝、葱花各少许　盐 2 克
料酒 4 毫升　水淀粉、食用油各适量

扫一扫·轻松学

1 备好材料

瘦肉切片，再切成细丝；猪肝切片，备用；生菜切成细丝，待用。

2 腌渍猪肝

猪肝中加盐、料酒、水淀粉，拌匀，淋入食用油，腌渍 10 分钟。

3 煮大米

砂锅中注水烧热，放入大米，搅匀，用中火煮约 20 分钟至大米变软。

4 加入辅料

倒入瘦肉丝，搅匀，用小火续煮 20 分钟至熟；倒入腌好的猪肝，搅拌片刻，撒上姜丝，搅匀，放入生菜丝。

5 调味

加入盐，调味；关火盛出，装入碗中，撒上葱花即可。

银耳百合粳米粥

银耳在汤汁的浸润下泛着透明的光泽，百合是纯色的干净，每一片都牢牢牵住我的喜爱，教我远离产后抑郁。

材料（2 人份）

- 水发粳米、水发银耳各 100 克
- 水发百合 50 克

扫一扫·轻松学

1 准备材料

砂锅中注入适量清水烧开，倒入洗净的银耳，放入备好的百合、粳米，搅拌匀，使米粒散开。

2 煮粥

盖上盖，烧开后用小火煮约 45 分钟，至食材熟透。

3 搅拌

揭盖，搅拌一会儿，关火后盛出煮好的粳米粥。

4 盛出

装在小碗中，稍微冷却后食用即可。

鸡肝粥

产妇适量进食鸡肝粥，既能补充能量，还可以增强免疫力，有益于身体恢复。

材料（1人份）

鸡肝 200 克　水发大米 500 克
姜丝、葱花各少许
盐 1 克　生抽 5 毫升

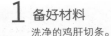
扫一扫·轻松学

1 备好材料
洗净的鸡肝切条。

2 腌渍猪肝
猪肝中加盐、料酒、水淀粉，拌匀，淋入食用油，腌渍 10 分钟。

3 煮大米
砂锅中注水烧热，放入大米，搅匀，用中火煮约 20 分钟至大米变软。

4 加入辅料
倒入瘦肉丝，搅匀，用小火续煮 20 分钟至熟；倒入腌好的猪肝，搅拌片刻，撒上姜丝，搅匀，放入生菜丝。

5 调味
加入盐，调味；关火盛出，装入碗中，撒上葱花即可。

胡萝卜苹果炒饭

　　瘦身排毒、美容养颜、防癌抗癌的苹果，搭配补中益气、健脾养胃、益精强志的米饭，再加点质脆味美、营养丰富的胡萝卜，产后女性也会爱吃。

材料（2 人份）

凉米饭 230 克　胡萝卜 60 克　苹果 90 克
葱花、蒜末各少许
盐 2 克　鸡粉 2 克　食用油适量

扫一扫·轻松学

1 备好材料
　　将洗净去皮的苹果切瓣，去核，切片，切小块；洗净去皮的胡萝卜切片，切条，改切丁。

2 炒饭
　　用油起锅，倒入胡萝卜，加入蒜末，炒香，倒入米饭，翻炒松散。

3 调味
　　放盐、鸡粉，炒匀，倒入葱花，炒匀，加入苹果，炒匀。

4 盛出
　　将炒好的米饭盛出装盘即可。

胡萝卜丝蒸小米饭

 第 4 周 62 MIN

小米具有滋阴养血的功能，可以使产妇的虚寒体质得到调养，帮助其恢复体能；搭配富含胡萝卜素的胡萝卜同食，还能减少皱纹、色斑以及色素沉着。

材料（2 人份）

- 水发小米 150 克
- 去皮胡萝卜 100 克
- 生抽适量

扫一扫·轻松学

1 准备材料

胡萝卜切片，再切丝；取一碗，加入洗好的小米，倒入适量清水。

2 蒸小米

蒸锅中注水烧开，放上小米，中火蒸 40 分钟至熟。

3 蒸胡萝卜

放上胡萝卜丝，续蒸 20 分钟至熟透。

4 调味

关火后取出，加上生抽即可。

Part 5

宝宝的喂养 &
护理知识

结束坐月子以后，妈咪们就要接过照料宝宝的重担，首先要面临的就是宝宝的护理问题，虽然全家正沉浸在迎接新生命的喜悦中，但不得不说，这个阶段的挑战也是前所未有的。为了让妈咪们快速上手，本单元搜罗大量实用的育儿知识，期待能够让妈咪们在宝宝的护理上更为顺利。

爸爸不许偷懒

刚分娩后，妈咪不能过于劳累，只有充分休息后，才能做适量家务，如果家中经济条件允许，可以根据计划聘请保姆，或是延迟负荷较重的家务进行时间。

爸爸可以协助另一半购物、买菜、做饭等，使妈咪能够集中精神在看护宝宝上。分娩前后，若是爸爸可以休假几日照顾家庭，给予妈咪的帮助就更大了。

夫妻双方如果得到周围亲友的帮助，处境也会缓和许多。例如询问已有丰富育儿经验的长辈，通过他们的建议，可以修正自己护理宝宝的方式。

爸爸应该积极地参与育儿的过程。当宝宝从医院回到家，家人、朋友、亲戚、妈咪的关心就全部都集中在宝宝身上了。爸爸应该主动地积极地参与到育儿过程中。在日常生活中，尽量跟妻子一起学习育儿知识。

建议爸爸应积极帮助妈妈看护宝宝。在喂食牛奶、换尿布、洗澡的过程中，爸爸也能从与宝宝的相处中产生成就感。

随着宝宝的诞生，家庭结构也发生改变，这些改变可能影响夫妻相处模式。从两人世界变成三人世界，夫妻二人从单纯的配偶关系转为双亲关系。双方角色的重新定位，需要经过缜密思考。

妈咪的注意力多半都会集中在宝宝身上，因而忽视了另一半。这时夫妻间应该相互理解，注意沟通、交流，有时只是肢体的触摸与亲吻，幸福感便会有所提升。

常见
宝宝疾病

1. 新生儿黄疸

宝宝出生后，有一半概率可能罹患黄疸，主要是由宝宝的肝脏无法快速代谢胆红素所致。黄疸首先出现在头部，随着胆红素水平升高，进而扩展到全身。一般1~2周内消退。如果分娩时有产伤，宝宝可能会罹患黄疸，因为大量血液在损伤处分解会形成更多的胆红素。其他原因如感染、肝脏疾病、血型不兼容等也会引起黄疸，但非常罕见。

2. 新生儿败血症

新生儿败血症多在出生后一至两周发病，是一种严重的全身性感染疾病，造成新生儿败血症的原因很多，主要是由细菌侵入血液循环后，繁殖并产生毒素引起的，常并发肺炎、脑膜炎等疾病，可能危及新生儿生命。如果爸妈过于粗心大意，初期症状往往会被忽视，病情严重时，常会爆发肺炎、疱疹等多方面感染。并且容易导致新生儿高烧不退、体温偏低、精神萎靡、吃奶量偏少、黄疸加重或腹胀等症状。

育儿秘籍

2 正确哺乳

哺乳是妈咪们消耗最多体力和时间的事情，一般情况下，必须根据妈咪和宝宝的状态选择哺乳方式。

根据一天日程，每日必须至少定时哺乳1次，例如妈咪计划在早上9点哺乳，便须彻底贯彻，之后每日都在同一时间哺乳。若刚好遇到宝宝睡觉的情况，应该使用技巧，轻柔地叫醒他；反之，若宝宝提前醒来，应该想办法分散他的注意，到了时间才喂奶。最好不要任意更改哺乳规律，但如果宝宝啼哭不休，妈咪还是应以宝宝需求为主，并建立更完善的哺乳规律。

大部分宝宝会逐渐适应一定的规律，因此能建立起固定的哺乳时间。但也有些宝宝无法适应有规律的生活，在这种情况下，妈咪应该耐心地诱导和训练宝宝，直到形成一定的哺乳规律。

母乳喂养不仅会导致其他一连串问题，甚至会导致妈咪睡觉习惯随之改变。育儿过程中，几乎所有妈妈都曾为宝宝半夜起床过。

宝宝出生1个月内，大部分都会在夜间睡醒几次，只要喂食母乳，很快便能重新入睡，这个时候哺乳较喂食冲泡牛奶省时省事。

妈咪不在宝宝身边的情况下，为了分担妈咪的压力，可以搭配冲泡牛奶来喂食宝宝，爸爸也可以借由喂食的过程增进亲子之间的情感。

常见
宝宝疾病

1. 新生儿便秘

部分宝宝会出现便秘的情况。如宝宝大便坚硬、排便困难，或者排便次数少等，则表示宝宝便秘了。坚硬的大便经常会伴随宝宝的哭闹，由于排便过程非常疼痛，甚至可能导致肛裂、出血等情况发生。以下几种情况都可能导致便秘的发生，母乳的摄取量不足，由于呕吐、腹泻等原因丧失大量水分或是罹患先天性结肠巨大等疾病。宝宝如果出现便秘症状，就应该找出发病原因，若是无法找出原因，首先要补充足够的水分，情况较严重的宝宝，应尽快就医，以免造成遗憾。

2. 新生儿窒息

新生儿窒息是指宝宝出生后仅有心跳而无呼吸，或是尚未建立规律呼吸的缺氧状态。严重窒息是导致新生儿伤残和死亡的重要原因之一，新生儿窒息与胎儿在子宫内环境及分娩过程密切相关，凡是能影响母体和胎儿间血液循环和气体交换的因素都会造成胎儿缺氧而引起窒息。新生儿窒息主要发生在分娩过程中，婴儿出院后一般不会发生。但要注意在哺乳后让婴儿侧卧，避免由于婴儿吐奶时引起窒息。分娩时发生过窒息的新生儿，更要母乳喂养，并且少喂，勤喂。

为宝宝挑选必需品

宝宝刚刚出生，日常生活中哪些是必需用品呢？只有详细了解宝宝的需求，才能备其所需。

准备衣服时，必须注意以下两点。第一，婴儿成长的速度很快，因此要尽量选择稍大点的衣服；第二，根据自己的生活水平购买合适的婴儿衣服。

冬天时，如果室内温度较高，可以不让宝宝穿毛衣，最好选择便于穿戴的衣服，例如以纽扣穿脱或是棉质的衣料。

宝宝用床则分为婴儿用床和儿童用床。垫子也有高矮之分，若是使用高床垫，可便于看护宝宝；若使用低床垫，等宝宝略大后，能防止他爬出床外。部分婴儿床还有收藏宝宝物品的空间。但一定要保证婴儿床没有边角、倒刺等危险装置。不管怎样，布置婴儿床应以安全和让宝宝感到舒服为前提。

宝宝的沐浴用品包括婴儿浴缸，无刺激性的婴儿香皂、沐浴乳、洗发精、婴儿乳霜。洗澡毛巾可用纱布或海绵代替。为了保持合适的水温，还应该准备温度计。

部分爸妈认为，应该睡在宝宝的身旁，这样方便换尿布或哺乳。在这种情况下，可以把婴儿床放在父母卧室中，或者利用厚被褥单独准备宝宝睡觉的空间。

若是可以准备单独储藏尿布、衣服等宝宝用品的空间，将会非常方便。可以准备婴儿用品储物柜，放置被褥、衣服或沐浴用品，方便集中管理。

常见
宝宝疾病

1. 新生儿湿疹

饮用冲泡牛奶的宝宝，容易在脸部、颈部、四肢，甚至是全身出现颗粒状红色丘疹，表面伴有渗液，这些都是新生儿湿疹的症状。湿疹十分瘙痒，会使宝宝吵闹不安，通常在出生后 10 ~ 15 天便会出现，以 2 ~ 3 个月的宝宝最严重。病因多与遗传或过敏有关，患湿疹的宝宝长大后可能对某些食物过敏，如鱼、虾等，爸妈要留心观察。一般不严重的湿疹，可不做特别治疗，只要注意保持宝宝皮肤清洁，用清水洗净就可以了。

2. 新生儿硬肿症

新生儿硬肿症是一种综合征，由寒冷损伤、感染或早产引起的皮肤和皮下脂肪变硬，常伴有低体温，甚至出现多器官功能损害，其中寒冷损伤最常见，以皮下脂肪硬化和水肿为特征。新生儿硬肿症多发生在寒冷季节，但由于早产、感染等因素引起的状况。亦可见于夏季。

4 新生儿的特点

新生儿是指宝宝自出生、脐带结扎至28 天之前的这段时间。这段时间里，宝宝脱离母体转而独立生存，所处的内、外环境发生根本的变化，免疫系统尚不完善，适应能力差。在生长发育和抵抗疾病方面具有非常明显的特殊性，且患病率高，死亡率也高，因此新生儿期被列为婴儿期中的一个特殊时期，需要对其进行特别的护理。

刚出生的宝宝一整天会有 16 到 20 小时的睡眠时间，但随着其茁壮成长，睡觉的时间会逐渐减少。第 1 周除了吃奶时间，宝宝几乎都在睡觉，睡觉时蜷缩着身体，非常类似胎宝宝在子宫的姿势。如果胎儿在子宫内的位置异常，宝宝出生后也会以其在子宫内的姿势睡觉。由于宝宝的脑组织尚未发育完全，所以神经系统的兴奋持续时间较短，容易因疲劳而入睡。

新生儿的呼吸运动主要依靠膈肌的上下升降来完成。宝宝因为呼吸中枢发育不成熟，肋间肌较弱，通常显露出来的现象为呼吸表浅、呼吸节律不齐，即呼吸忽快忽慢。尤其是睡眠时，呼吸的深度和节律呈不规则的周期性改变，甚至会出现呼吸暂停，同时伴随心率减慢、呼吸次数增快，心率增快的情况发生，这是正常现象。宝宝在前两周呼吸较快，每分钟约 40 次，个别可达到每分钟 80 次。

新生儿特点

1. 新生儿体温

由于宝宝的体温中枢发育尚未完善，温度调节能力差，因此宝宝的体温不易保持稳定，容易受到环境影响而变化。宝宝皮下脂肪薄，汗腺发育不成熟，较成人散热快。在环境温度过高或保暖过度的情况下，若再加上摄入水分不足等因素，容易造成宝宝体温升高。

2. 新生儿睡眠

英国科学家研究指出，宝宝的睡眠可分 3 种状态。（1）安静睡眠状态：这时的宝宝脸部肌肉放松、双眼闭合，全身除偶尔的惊跳外，没有其他活动，呼吸均匀，处于完全休息的状态。（2）活动睡眠状态：这时宝宝的双眼通常是闭合的，眼睑经常颤动；脸上常有微笑、皱眉等表情；呼吸稍快且不规则。（3）瞌睡状态：常会发生在入睡前或刚醒后，这时宝宝的双眼半睁半闭，目光显得呆滞，反应迟钝，当宝宝处在这种睡眠状态时，要尽量保持安静。

5 新生儿的成长变化

宝宝诞生到这个世界后，脐血管结扎、肺泡膨胀并通气、卵圆孔功能闭合等，这些变化都使宝宝的血液系统进入一种崭新的状态。

诞生后最初几天，宝宝心脏有杂音，这完全有可能是新生儿动脉导管暂时没有关闭，血液流动发出的声音，爸妈无须过度担忧。新生儿心率波动范围较大，出生后 24 小时内，心率可能会在每分钟 85 ~ 145 次之间波动，部分新手爸妈经常因为宝宝脉跳快慢不均而心急火燎，这是由于不了解宝宝心率特点而造成的。

新生儿血液多集中于躯干，四肢血液较少，所以宝宝四肢容易发冷，血管末梢容易出现青紫，因此要注意为新生儿肢体保温。

足月新生儿皮肤红润，皮下脂肪丰满。新生儿的皮肤有一层白色黏稠物质，称为胎儿皮脂，主要分布在脸部和手部。皮脂具有保护作用，可在几天内被皮肤吸收，但如果皮脂过多，会聚积于皮肤褶皱处，应给予清洗，以防对皮肤产生刺激。

新生儿皮肤的屏障功能较差，病毒与细菌容易通过皮肤进入血液而引起疾病，所以应加强皮肤的护理。宝宝出生 3 ~ 5 天，胎脂去净后，可以直接用温水洗澡，也可选用无刺激性的香皂或专用洗澡液，但洗完后必须用温水完全冲去泡沫，并擦干皮肤。

新生儿能力

1. 运动能力

宝宝出生后就具备较强的运动能力，如果让他俯卧，他会慢慢抬起头转向一侧，这时用手掌抵住宝宝的脚，他还会做出爬行的样子。新生儿有许多令人惊叹的运动本领，这种运动本领出生后还会继续发展。宝宝清醒时的躯体运动，是和爸妈情感交流的一种方式。当爸妈和宝宝说话时，他会出现与说话节奏相协调的运动，如转头、抬手、伸腿等。这些自发动作虽然简单，但正是宝宝成长的证明，因此常令人兴奋异常。

2. 语言能力

宝宝呱呱坠地的第一声啼哭，是他人生的第一个响亮音符。在生命的第一年里，宝宝的语言发展会经过三个阶段：第一阶段（0 ~ 3 个月）为简单发音阶段；第二阶段（4 ~ 8 个月）为连续发音阶段；第三阶段（9 ~ 12 个月）为学话阶段。宝宝在出生后的 1 个月内，偶尔会发出单音。

6 | 父母与宝贝的互动

宝宝的社会关系，总体来说非常简单，他们主要会与照顾者发生接触，一般情况下会是爸妈。

妈咪与宝宝之间，彼此不用语言就能很好地交流和沟通。当宝宝需要妈咪时，妈咪似乎总是恰好准备要去看宝宝，而当妈咪去看宝宝的时候，宝宝也似乎总是正在等待着她的到来，这种紧密协调的关系被称为母婴同步。

据观察，仅仅出生几个星期的宝宝在接触妈咪时，经常会睁开、合上眼睛，两者似乎存在一定程度的默契。

这种默契如何进行呢？妈咪也许会凝视着自己的宝宝，平静地等待他说话、做动作，当宝宝天真地做出反应时，妈咪也许通过模仿宝宝的姿势，或者对着宝宝微笑、说某些事情来回答宝宝。妈咪每这样做一次，中间要略有停顿，让宝宝有轮流"说话"的机会，好像宝宝在这种交流中是一个很有能力的人。

在对宝宝的影响方面，爸爸和妈咪确实有很大的差异。例如两人与宝宝玩同样的游戏，方式却会非常不同，与妈咪相比，爸爸更喜欢花时间在游戏动作上。

无论是妈咪或爸爸，都可以找到恰当的形式与宝宝进行互动，这是毋庸置疑的。所以应当相信，爸爸和妈咪在培养、教育自己的子女中，有着同样的义务和能力，只是各有侧重而已。

新生儿特有的原始反射

1. 握拳反射

如果轻轻地刺激宝宝的手掌，宝宝就会无意识地用力抓住对方的手指；如果拉动手指，宝宝的握力就会越来越大，甚至能整个人被提起。脚趾的反应没有手指那样强烈，但是跟握拳反射一样，宝宝能缩紧所有的脚趾。研究结果显示，握拳反射与想抓住妈咪的欲望有密切的关系，一般情况下，宝宝能自由地调节握拳动作后，才有办法随心所欲地抓住眼前的物品。

2. 迈步反射

在1周岁之前，大部分宝宝还学不会走路，但是出生后却具有迈步反射的能力。让宝宝站立在平整的地面上，然后向前倾斜上身，这样就能做出迈步的动作；另外，如果用脚背接触书桌边缘，就能像上台阶一样向书桌上面迈步。在悬空时，宝宝会处于非常不安的状态，极力探索能踩在脚底下的东西，可以这么说，出生后宝宝便开始寻找自己站得住脚的地方。

新生儿的特殊病理

鹅口疮又称为"念珠菌症"，是一种由白色念珠菌引起的疾病。鹅口疮多累及全部口腔，包含舌、牙以及口腔黏膜。

鹅口疮发病时，首先会在宝宝的舌面或口腔颊部黏膜出现白色点状物，再逐渐增多，蔓延至牙床、上腭，并相互融合成白色大片状膜，形似奶块状。若用棉花蘸水轻轻擦拭不易擦除，如强行剥除白膜，局部容易出现潮红、粗糙甚至出血，而且很快又会重新长出。

宝宝罹患鹅口疮，除口中可见白膜外，一般没有任何不适感，睡觉、吃奶均正常。引发原因很多，主要是由于免疫力低下、营养不良、腹泻及长期服用抗生素等，也会通过污染上霉菌的餐具、乳头、手等部位，侵入口腔而引发。

此外，宝宝的皮肤直接接触尿布，有时因为尿布更换不及时，还要跟弄脏的尿布接触，因此宝宝细嫩柔软的皮肤容易受到刺激。由于受尿液主要成分氨的影响，宝宝的皮肤容易出现被称为氨皮肤病的皮疹。另外，若是使用环保尿布，清洗时如果不把洗涤剂冲洗干净，也会刺激皮肤。

一般情况下，由于白色念珠菌感染，容易引发皮肤炎症"脂溢性皮炎"，为了防止皮肤发痒，必须经常更换尿布，然后涂抹保护宝宝皮肤的身体乳液，如果出现皮疹症状，最好去掉尿布，然后在清爽的空气下晾干皮肤。

新生儿
异常状况

1. 皮肤青紫

宝宝出现皮肤青紫，且是呈斑点状的蓝红色并分布不均，约摸持续两周便逐渐消失，那么可能是罹患了新生儿血红细胞增多症。这种新生儿血红细胞增多症与分娩时宝宝的脐带较晚切断，使得过多的胎盘血流入宝宝体内有关。如果宝宝是未成熟儿或皮肤上有局部性青紫，则可能是妈咪分娩时，这一局部受到压迫所致。一般情况下，这种青紫可渐渐消失。另外，有些新生儿出现青紫，也可能是失温所致，宝宝的局部皮肤受冻后小动脉收缩，也会出现局部青紫，但这种青紫在保暖后很快便消失。

2. 体重减轻

宝宝出生头几天内，体重会有所减轻，但是从第7天开始，体重开始增加。如果体重明显减轻或持续减轻，便说明宝宝没有吃饱，或者生病了，这时应该到医院找出具体原因，也可利用减少母乳量来刺激宝宝的食欲。

8 新生儿对外界刺激的反应

宝宝出生便对光有反应，眼球会自动进行无目的运动，1个月大的宝宝可注视物体或灯光，而且目光可以随着物体移动。

过强的光线对宝宝的眼睛及神经系统有不良影响，因此婴儿房的灯光要柔和，不要过亮，光线也不要直射宝宝眼睛。需要外出时，眼部应有遮挡物，以免受到阳光刺激。

刚出生的宝宝，耳鼓腔内还充满着黏性液体，妨碍声音的传导，随着液体的吸收和中耳腔内空气的充满，其听觉灵敏度逐渐增强。宝宝睡醒后，妈咪可用轻柔和蔼的语气和他说话，也可以放一些柔美的音乐给宝宝聆听，但音量要小，因为宝宝的神经系统尚未发育完善，大的响动会使其四肢抖动或惊跳，因此宝宝的房间应避免嘈杂，保持安静。

宝宝的触觉很灵敏，轻轻触动其口唇便会出现吮吸动作，并转动头部，触其手心其手会立即紧紧握住。哭闹时将其抱起会马上安静下来，妈咪应适当拥抱宝宝，让宝宝享受妈咪的爱抚。

宝宝的嗅觉比较发达，刺激性强的气味会使他皱鼻、不愉快，还能辨别出妈咪身上的气味。

宝宝的味觉也相当发达，能辨别出甜、苦、咸、酸等味道，如果吃惯了母乳再换牛奶，他会拒食，若是每次喝水都加果汁或白糖，以后再喂他白开水，他就不喝了。因此，从新生儿时期起，喂养宝宝便要注意不要过多甜味。

新生儿喂养事项

1. 新生儿所需营养素

新生儿期比其他各时期需要的营养素相对较多。宝宝营养是否充足，关系到其生长发育、体质和健康。因此，为了保证宝宝营养的供给，减少或避免新生儿生理性体重减轻，妈咪应注意宝宝的营养需求。

2. 珍贵的初乳

在妊娠期间，由于孕妇体内的激素发生变化，乳房会逐渐增大，而且在分娩之前就形成初乳，初乳是一种富含蛋白质的黄色液体。在妈咪还没有分泌乳汁的头几天，初乳不仅可以保证新生儿的营养需要，而且其中含有非常宝贵的抗体，还能帮助宝宝预防流行性感冒、呼吸道感染等疾病。另外，初乳还具有轻泻的作用，能帮助宝宝及早排出胎粪，因此，一定要给新生儿喂初乳。

新生儿清洁原则一

新生儿刚出生时，口腔里常带有一定的分泌物，这是正常现象，无须擦去。妈咪可以定时给新生儿喂一点白开水，就可清除口腔中的分泌物了。

新生儿的口腔黏膜娇嫩，切勿造成任何损伤。牙床边缘的灰白色小隆起或两颊部的脂肪垫都是正常现象，切勿挑割。如果口腔内有脏物时，不要用纱布去擦口腔，应该用沾水的棉花棒进行擦拭，但动作一定要轻柔。

宝宝的眼部要保持清洁，每次洗脸前应先将眼睛部位擦洗干净，平时也要注意及时将分泌物擦去。

有些父母希望宝宝将来的眉毛长得浓密好看，于是想给宝宝刮掉眉毛。这是不恰当的。因为眉毛的主要功能是保护眼睛，防止尘埃进入，如果刮掉眉毛，短时间内会对眼睛形成威胁。其次，由于宝宝的皮肤非常娇嫩，刮眉毛时，好动的宝宝未必能安静地配合，稍有不慎就会伤及宝宝的娇嫩皮肤。新生儿抵抗力弱，如果眉毛部位的皮肤受伤没有得到及时处理，很容易导致伤口感染溃烂，使周围的毛囊遭到破坏，以后就不能再长眉毛了。

再者，如果眉毛根部受到损伤，再生长时就会改变其形态与位置，从而失去原来的自然美。况且，新生儿的眉毛一般在5个月左右就会自然脱落，重新长出新眉毛来，因此完全没有必要给宝宝刮眉毛。

新生儿
应避免事项

1. 与母亲同睡

部分妈咪为了夜间喂养方便，或是出于对宝宝的疼爱，总是喜欢和宝宝睡在同一张床上。爱子之心可以理解，但这种做法却有很多不合理、不科学的地方。首先，妈咪与宝宝同睡一张床时，会习惯性地紧靠在其身边，这样就会限制其睡眠空间，影响宝宝的正常生长发育；其次，由于母亲和新生儿的距离很近，母亲呼出的气体会被新生儿吸入，这样会严重影响宝宝的健康；再次，妈咪和宝宝同睡，容易使新生儿养成醒来就吃奶的坏习惯，从而影响宝宝的食欲和消化功能，更为严重的话，妈咪的乳头还可能会堵塞新生儿的鼻孔，造成宝宝窒息而亡。

2. 衣物放置樟脑丸

新生儿皮肤角质较薄，皮下毛细血管丰富，体表血流量多。宝宝如果闻到樟脑丸挥发出来的气味，可能经由呼吸道和皮肤黏膜的吸收，引起新生儿急性溶血。

育儿秘籍

10 新生儿清洁原则二

新生儿出生后必须密切观察脐部的情况，每天仔细护理，包扎脐带的纱布要保持清洁，如果湿了要及时换干净的。要注意观察包扎脐带的纱布有无渗血现象。渗血较多时，应将脐带扎紧一些并保持局部干燥；脐带没掉之前，注意不要随便打开纱布。

脐带脱落后，便可以给婴儿洗盆浴。洗澡后必须擦干婴儿身上的水分，并用浓度为70%的酒精擦拭肚脐，保持清洁和干燥。根部痂皮需待其自然脱落，若露出肉芽肿可能妨碍创面愈合，需留意。脐带根部发红或是脱落后伤口总不愈合，脐部湿润流水，这是脐炎的初期症状，应迅速就医。为防止细菌感染，不能用手指触摸宝宝肚脐。

新生儿的指甲长得很快，有时一个星期要修剪两三次，为了防止新生儿抓伤自己或他人，应及时为其修剪指甲。洗澡后指甲会变得软软的，此时也比较容易修剪。

修剪时一定要牢牢抓住宝宝的手，可以用小指指甲压着新生儿手指肉，并沿着指甲的自然线条进行修剪指甲，不要剪得过深，以免刺伤手指。一旦刺伤皮肤，可以先用干净的棉花擦去血渍，再涂上消毒药膏。另外，为防止宝宝用手指划破皮肤，剪指甲时要剪成圆形，不留尖角，保证指甲边缘光滑。如果修剪后的指甲过于锋利，最好给宝宝戴上手套。

新生儿皮肤护理

1. 脸部护理

新生儿经常吐奶，平时应多用柔软湿润的毛巾，给宝宝擦净脸颊，秋冬时更应该及时涂抹润肤乳液，增强肌肤抵抗力，防止肌肤红肿。宝宝刚生下来时，皮肤结构尚未发育完全，不具备成人皮肤的许多功能，因此妈咪一定要细心护理。

2. 耳朵护理

耳朵内的污垢采用棉花棒旋转的方法取出，但注意，仅限于较浅的部位，不能插得过深，防止损伤鼓膜和外耳道。

3. 臀部护理

新生儿的臀部非常娇嫩，要注意及时更换尿布。更换尿布时最好用宝宝柔肤纸巾清洁后，再涂上宝宝专用的护臀膏。

4. 身体与四肢

给宝宝更换衣服时，发现薄软的小皮屑脱落，这是皮肤干燥引起的。浴后在皮肤上涂一些乳液，可防止皮肤受损。夏季要让宝宝在通风和凉爽的地方进行活动，浴后在擦干的身上涂抹少许爽身粉，可预防痱子。

11 给宝宝洗澡

初产妈咪最烦恼的事情之一就是给宝宝洗澡。其实，给宝宝洗澡不是件难事，只要从容易洗的部位开始慢慢清洁，就能轻松为宝宝洗澡。

首先要做的是将洗澡所需的物品备齐，例如给脐带消毒的物品，预换的婴儿包被、衣服、尿片以及小毛巾、大浴巾、澡盆、冷水、热水、婴儿爽身粉等。同时检查自己的手指甲，以免擦伤宝宝，再用肥皂洗净双手。

新生宝宝是娇嫩的，他刚离开最安稳的母亲子宫不久，所以得十分细心地为他创造一个理想的环境和适宜的温度。最好使室温维持在一般人觉得最舒适的26℃至28℃，水温则以37℃至42℃为佳。可在盆内先倒入冷水，再加热水，用手腕或手肘试温度，使水温恰到好处。

沐浴时要避免阵风的正面吹袭，以防宝宝着凉生病。沐浴时间应安排在给婴儿哺乳1至2小时后，否则容易引起呕吐。

先洗头、脸部，将宝宝用布包好后，把身体托在前臂上置于腋下，再用手托住头，手的拇指和中指放在宝宝耳朵的前缘，以免洗澡水流入耳道。用清水轻洗脸部，由内向外擦洗。头发可用婴儿皂清洗，然后再用清水冲洗干净。

洗完头脸后，脐带已经脱落的新生儿可以撤去包布，将身体转过来，用手和前臂托住新生儿的头部和背部，把宝宝身体放入水中，注意头颈部分不要浸入到水里，以免洗澡水呛入口鼻。

新生儿衣物的洗涤

1. 购买后先清洗

新购买的宝宝衣物一定要先清洗。为了让衣服看起来更鲜艳漂亮，衣服制造的过程中可能会加入苯或荧光剂，会对宝宝的健康产生威胁。清洗一方面能减少服装加工过程中残留的化学物质，另一方面可以通过紫外线杀菌消毒。

2. 要与成人衣物分开

要将宝宝的衣物和成人的衣物分开洗，避免交叉感染。因为成人活动范围广，衣物上的细菌也更多，同时洗涤，细菌会传染到宝宝衣服上，这些细菌可能对大人无所谓，但宝宝皮肤稚嫩，抵抗力差，稍不注意就会引发皮肤问题。

3. 慎用漂白剂

借助漂白剂使衣服显得干净的办法并不可取，因为它对宝宝皮肤极易产生刺激，漂白剂进入人体后能和人体中的蛋白质迅速结合，不易排出体外。长期接触皮肤会使宝宝不舒服，甚至引起疹子、发痒等现象。

12 良好的生活习惯早培养

对于精力旺盛的宝宝来说，睡觉不是件容易的事情。白天要适当让宝宝活动一下，翻身、抬头、做操等，每次时间不要太长。体力被消耗了的宝宝较容易入睡，但注意不要让宝宝玩得太累。

另外，宝宝睡眠时最好采取左侧卧的姿势，四肢屈曲，因为让新生儿出生后仍保持在胎内的姿势，这样宝宝具有安全感。而且为了使他出生时吸入的羊水顺着体位流出，也应让宝宝采用左侧卧的姿势，头部可适当放低些，以免羊水呛入呼吸道内。

但是，如果新生儿有颅内出血症状，就不能把头放低了。若是将新生儿背朝上俯卧，他会将头转向一侧，以免上呼吸道受堵而影响呼吸。

让其仰卧，将其上肢伸展然后放松，新生儿会自动让上臂又恢复到原来的屈曲状态。了解新生儿喜欢的卧姿，平时就不应该勉强将新生儿的手脚拉直或捆紧，否则会使新生儿感到不适，影响睡眠、情绪和进食，健康当然就得不到保证了。

从新生儿开始就要培养定时洗澡、清洁卫生的习惯。一个月的新生儿新陈代谢很快，每天排出的汗液、尿液等会刺激他的皮肤，而新生儿的皮肤十分娇嫩，如果不注意皮肤清洁，一段时间后，在皮肤褶皱处如耳后、颈项、腋下、腹股沟等处容易形成溃烂，甚至造成感染。

培养宝宝良好的饮食习惯

宝宝消化系统薄弱，胃容量小，胃壁肌肉发育还不健全。应从小培养宝宝良好的饮食习惯，使其饮食有规律、吃好、吃饱，更好地吸收营养，才能满足身体的需要，促进生长发育。母乳的前半部分富含蛋白质、维生素、乳糖、无机盐，后半部分则富含脂肪，是宝宝生长发育必需的营养物质。

因此，平时应该坚持让宝宝吃空一侧的乳房再吃另一侧，这样既可使宝宝获得全面的营养，又能保证两侧乳房乳汁的正常分泌。另外，如果奶水充足，宝宝在一侧再也吃不到的时候，也就知道哺乳过程结束了，就会渐渐睡去。

倘若来回换着吃，反而会形成不好的饮食习惯。这样，容易让宝宝变得敏感、很难入睡，妈咪也会觉得疲劳。如果晚上宝宝饿醒了，要及时抱起喂奶，但尽量少和他说话。

13 新生儿不适的处理

新生儿发热时，不要轻易使用各种退热药物，应当以物理降温为主。

首先应调节宝宝居室的温度，使之保持在24℃左右。若室温高于25℃，应设法降温，同时要减少或解开宝宝的衣服和包被，以便热量的散发。

当新生儿体温超过39℃时，可用温水擦浴前额、颈部、腋下、四肢和大腿根部，促进皮肤散热。新生儿不宜使用酒精擦浴，以防体温急剧下降，造成不良后果。新生儿发热时，还应经常喂饮白开水。如经上述处理仍不降温时，应及时送医做进一步的检查治疗。

新生儿呕吐的原因很多，类型也不一样，常见的有以下几种情况。孕期胎儿胃中进入羊水过多，会导致宝宝呕吐。这种呕吐多在宝宝出生后1至2天内发生，呕吐物为白色黏液或血性咖啡样物。主要原因是临产时胎宝宝吸入过多羊水，或产道血性物进入胃内刺激胃黏膜。这种呕吐并无其他异常症状，过两三天即可自愈。

哺乳时由于妈咪的乳头凹陷会使新生儿吃奶费劲，吸入较多空气；或用奶瓶喂奶时，奶汁未能充满整个奶嘴，而使宝宝吸入空气，从而导致呕吐。预防的办法是，喂奶后将宝宝竖直抱起，轻拍其背部，让他打出嗝来。

食量过大、奶汁太凉、喂奶次数过于频繁或一次喂奶量过多，都会对新生儿的胃增加刺激，导致呕吐。

宝宝哭泣原因

1. 饥饿

宝宝一哭，首先要检查一下他是否饿了，如果不是，再找其他原因。

2. 寻求保护

宝宝哭泣只是想要你把他抱起来，这种寻求保护的需要对宝宝来说，几乎与吃奶一样必不可少，妈咪应尽量满足宝宝的这种需要，使他有安全感。

3. 不舒服

太热或太冷都会使宝宝哭泣。妈咪可用手摸摸宝宝的腹部，如果发凉，说明宝宝觉得很冷，应该给他加盖一条温暖的毛毯或被子。如果气温高，宝宝看上去脸上通红、烦躁不安，可以给他扇风或用温水洗个澡。此外，如果尿布湿了也会使宝宝觉得不舒服而哭泣，应马上为他更换。如果宝宝非常痛苦，就应该到医院就诊，新生儿不舒服有很多原因，爸妈应根据具体情况进行护理。

4. 感情发泄

和成人一样，婴儿也需要发泄他们的情感，他们一般都是以哭的方式进行的。